清代河務檔案

QINGDAI HEWU DANG'AN

《清代河務檔案》編寫組 編

7

GUANGXI NORMAL UNIVERSITY PRESS
广西师范大学出版社
·桂林·

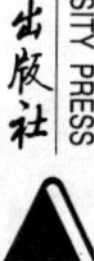

第七册目録

河東河道總督奏事摺底（五）

奏為防護黃河凌汛並籌辦中河廳險工及催司
撥發料價飭廳赶購歲儲各情形恭摺具
奏仰祈
聖鑒事竊照黃河凌汛修防與桃伏秋並重十一月
二十一日節交冬至凌汛屆期朔風凜冽雨雪交加天氣

嚴寒河水一經凝結冰塊下注不但上游兩岸
臨黄埽埧恐致剷傷廂修不易其河勢兜湾處
所又慮擁遏抬水　臣先經通飭道廳督飭營汛
員弁親率人夫往來周容巡防並将各埽前簽
掛撓凌枊椿以資捍禦凡河身坐湾各處寬備
打凌器具船隻分派外委兵丁住守不時查看

遇有冰塊擁集立即敲打推行使之順流而下
以免停積抬水致有隱患 臣與撫臣隨時有面
商之事現駐省城距河岸甚近當督飭各廳小
心防護不任稍有疎忽其中河廳十三堡險工
又兩月疊被賊匪剜翻兼以未能補還司庫錢糧支絀
因土性過於沙鬆霜降以後尚塌埽潰堤情形
應撥之款不敷故多如未能補還
吃重而司庫錢糧支絀應撥之款不敷未能搶

辦幸值水落溜弱不致有意外之虞而來歲修

守事宜必須赶為籌辦臣於十月二十七日約

同撫臣嚴　親往該工三堡十三堡履勘見数百丈長堤

有全倒行塌盡者有堤頂塌存数尺者行舟即靠

厓停泊灘唇僅高水面丁丈許尺苟非冬令水勢

日消設汛長漲上灘其患何堪設想撫臣目覩始知工

程十分危險以為

國計民生攸關即錢糧窘迫亦亟應補還大堤購備料物磚石廂實為

抛保護詳聽三堡塌堤最窄之處亦往親勘幫

堤廂埽以不能從緩惟統計工繁費鉅且補堤

還堤必須層土層硪堅築時已隆冬凍土未能

施工致滋虛費即經商定飭司籌撥銀兩由道

纜

轉發上南中河二廳先行赶購繩纜杄木稭料

將塌堤各處暫為掛摟攬禦防護凌汛一面於

年內由司籌備現銀另行提存以便一交春融

即將上南中河洋河上廳土工興築並赶辦正

襍料物磚石擇要廂拋埽壩備禦汛漲固不敢

拘泥貽悞亦不敢稍任虛縻總期用省得當與

撫臣和衷商辦力保無虞○○持大局○○冀仰紓
宸廑至各廳額辦歲儲為大汛修防根本向於年內
購辦近年因司庫料價未能按時撥發遲至春
夏之間始行辦竣所有壬戌年料價尚未由司
撥給各廳力難措墊以致均尚未曾設廠收購
臣
現在催司籌發料價一俟撥到即飭廳赶緊

採辦雖歲内未能辦齊來春必令堆尺斷不任
遲延以重工儲爲此恭摺具
奏伏乞
皇上聖鑒謹
奏
咸豐十一年十一月二十一日具

奉於十二月十二日奉到

議政王軍機大臣奉

旨知道了欽此

再河臣辦公書吏紥卷向在濟署該吏等雖有
額領紙飯銀兩而每年河臣赴豫駐防大汛帶
工書吏向須逐日按名給發飯錢近年臣長駐
豫省防河修工常年應發飯錢力有不逮是以
於霜後事簡僅留數名在工辦理軍務事件餘俱
飭令回濟甯衙門查案核辦包封送豫用印

題咨奏報已有躭遲現在皖省捻匪竝東境曹屬
會匪不時出竄肆擾歸德府屬各州縣道路有
阻濟署包封往來更彰稽延所有黃運各道辛
酉年辦過土埽磚石工程丈尺細數動用錢粮
清单以及比較找撥不敷等件冊頁繁多年內
赶繕不及應請查照歷届之案展限至来春二

三月間彙
奏俾可從容勾稽以免舛錯而昭慎重理合附片
陳明伏乞
聖鑒謹
奏
咸豐十一年十一月二十一日附

奏於十二月十二日奉到

議政王軍機大臣奉

旨著照所請該部知道欽此

奏為查明八月分各湖存水尺寸謹繕清單仰祈
聖鑒事竊照嘉慶十九年六月內欽奉
上諭湖水所收尺寸每月查開清單具奏一次等因欽
此所有七月分湖水尺寸業經 臣繕单具
奏在案茲據代理運河道濟甯直隸州知州周鷗

將八月分各湖存水尺寸開摺稟報前來臣查
微山湖定誌收水在一丈四尺以內因豐工漫
水灌注量驗湖底積受新淤恐不敷濟運經前
河臣李　會同前撫臣崇　奏奉
上諭加收一尺以誌樁存水一丈五尺為度本年七月
分存水一丈三尺九寸八月內水無消長較十

年八月水小七寸此外除馬踏一湖水無消長外其昭陽等六湖消水自一寸至九寸三分計昭陽湖存水四尺二寸南陽湖存水三尺南旺湖存水二尺三分獨山湖存水五尺三寸馬場湖存水四尺九寸蜀山湖存水四尺一寸五分馬踏湖存水一尺五分以上各湖存水均比上

年八月水小自二寸至六尺八寸五分不等查各湖之水先因啟放單閘灌注各河攔禦賊踪且夏秋雨澤稀少來源微弱水勢本未收足八月內又因天氣久晴風颺日晒是以復見消落現已冬令惟冀雪澤普霑汶源旺發方能收納冬水臣當督飭道廳寔力經理廣籌收蓄斷不

任稍有懈忽以仰副
聖主重瀦衛民之至意所有八月分各湖存水尺寸
謹繕清單恭摺具
奏伏乞
皇上聖鑒謹
奏

咸豐十一年十一月二十一日具
奏於十二月十二日奉到
議政王軍機大臣奉
旨知道了欽此

謹將咸豐十一年八月分各湖存水實在尺寸

逐一開明恭呈

御覽

運河西岸自南而北四湖水深尺寸

一微山湖以誌樁水深一丈二尺為度先因湖

底淤墊三尺不敷濟運奏明收符定誌在一

丈四尺以内又因豐工漫水灌注量驗湖底

復受新淤二尺七寸奏奉

上諭加收一尺以誌樁存水一丈五尺為度本年七月

分存水一丈三尺九寸八月内水無消長仍

存水一丈三尺九寸較十年八月水小七寸

一昭陽湖本年七月分存水四尺三寸八月内

消水一寸實存水四尺二寸較十年八月水小二寸

一南陽湖本年七月分存水三尺一寸八月內消水一寸實存水三尺較十年八月水小二寸

一南旺湖本年七月分存水二尺九寸六分八

月内消水九寸三分實存水二尺三分較十
年八月水小五尺三寸三分

運河東岸自南而北四湖水深尺寸

一獨山湖本年七月分存水五尺四寸八月内
消水一寸實存水五尺三寸較十年八月水
小六寸

一馬場湖本年七月分存水五尺一寸八月內
消水二寸實存水四尺九寸較十年八月水
小一尺一寸

一蜀山湖定誌收水一丈一尺爲度本年七月
分存水四尺八寸八月內消水六寸五分實
存水四尺一寸五分較十年八月水小六尺

八寸五分

一馬踏湖本年七月分存水一尺五公八月内水無消長仍存水一尺五分較十年八月水小二尺八寸七分

奏為請慎選內監以侍
皇躬恭摺奏祈
聖鑒事竊臣一介庸愚學識淺陋備員河壖未報涓
埃仰惟
皇上御極之始軫念軍務未竣民生多慼

諭令中外臣工有奏事之責者於用人行政一切事
宜據實直陳臣沐
三朝豢養之恩際茲言路宏開正宜竭誠抒悃勉效愚
夫之千慮仰贊
高深於萬一而數月以來恭讀
上諭崇儉去奢任賢錯枉凡臣民之所欲言而不敢

言者皆已行之何俟臣言而臣要有不能已於
言者臣惟
聖學崇高始基在於蒙養
内廷供奉近侍尤宜豫防周書立政之篇曰綴衣
虎賁知恤鮮哉古者左右賤役皆士大夫非如
後世專用閹寺而周公以是戒成王者蓋其時

成王冲齡踐阼內憂未靖外患迭興使近侍任用非人肆讒構釁不但流言無所底止即君德亦因之而虧故既立三公道之教訓傅之德義保其身體復以左右攜僕為惓惓良以師保之與僕從貴賤懸殊而其朝夕君側則一也臣近復讀

上諭恭悉
皇上以典學為念已博訪老成端謹學問優長之員
同資輔導矣而臣以為從古格非心者責在大
臣而後世責非幾者恒由內監蓋此輩託處於
肺腑隱深之地設不能絕去聲色狗馬游宴沈
湎之樂則投閒抵隙苟合取容何所不至出一
遊

言而稱聖舉一事而歌功豈盡獻諛而人君耳
熟於此久且匪諛則逆而匡拂者拒諞截者進
矣木訥者厭便佞者容矣趨蹌謟脅顧盼皆然、
免冠叩頭應聲即是即非貢媚而人君目熟於此
久且匪媚則觸而戇質直野愚者斥、虛浮者至、矣嚴憚
者疏私善柔昵者狎矣夫至耳熟於諛目熟於媚於

是乎意之所欲自信以為不踰返之己而不見
其過詢之人而不聞其短而心亦即習於所見是
必至喜從而惡違而慘刻傾險者得以託足慈
詳良善者難以側身其患中於隱微而其害遂
周於朝野宋程子為講官言於上曰人主一日
之間接賢士大夫之時多親宦官宮妾之時少

則可以涵養氣質而薰陶德性呂祖謙曰陪僕暬御之臣後世視為賤品而不之擇者曾不知人主朝夕與居氣體移養恒必由之潛消默奪於冥冥之中而明爭顯諫於昭昭之際抑末矣

我

朝

神聖

聖相承

祖訓森嚴所用内監祗供灑掃而備傳宣從無干預朝

政之事

兩宮

皇太后仁慈聖明無微不照無念不周夙夜防閑自必備極

縝密而臣猶緦緦過慮者誠念人恒狃於所習而事當謹於厥初與其為履霜之戒慎不如作未雨之綢繆也臣願

皇上於內監中用其匡拂者去其諞截用其木訥者去其便佞用其戇直者去其虛浮用其嚴憚者去其私暱用其慈祥良善者去其慘刻傾險既

有老成端謹學問優長之臣為之輔導而侍御

僕從罔匪正人內外交養旦夕承弼斯出入起

居罔有不欽

緝熙光明之學日以增而復旦光華之治無所累我

國家億萬年有道之長基此矣臣為慎始防微起

見是否有當伏祈

皇上聖鑒謹

奏

同治元年河東河道總督奏事摺底

未收同1.5.21、咸10.11.续运河河工需用银两造册题

估销、同1.28.21工部议奏，载黄赞汤奏稿，并注

行水金鉴运河水卷193曾引之，惟原书已

遗失可惜。

羅爾綱

49.1

閱 不必再奏

一無庸

奏

稿

謹將臣原派防河尤爲出力並隨員當差始終

不懈人員繕具名單恭呈

御覽

候補道陳鼎雯擬請

賞加按察使銜

候補道陳世勲

候補道周樹衡

以上二員擬請

飭

勅交軍機處記名遇有河南道員缺出請

旨補放

試用知府蔣珣擬請

賞戴花翎

東河試用同知呂偉峯擬請歸先儘班前先用
東河候補通判廣恩擬請補缺後以知州歸河
南候補班補用先換頂戴
東河先用通判王繼志擬請免補本班以知州
歸山東補用
直隸州升用東河候補通判王建衡擬請免補

本班以河南直隸州用

藍翎五品銜睢州州同汪廷焯擬請免缺以河南知州歸候補班前補用

知州銜候補知縣李瑞椿擬請

賞戴藍翎即用

候補知縣張燮

候補知縣閔榮午擬請補缺後以直隸州用先

以上二員

換頂戴

提舉銜捐升通判河南候補縣丞洪錫縉擬請

補缺後以知州補用

候補布經歷趙惟嶸擬請補缺後以知州補用

先換頂戴

理問銜東河試用縣丞何梓楫

東河候補縣丞鄭孝元

以上二員擬請補缺後以知縣歸山東補

用

候補縣丞徐振墀擬請補缺後以河南知縣補

用

試用從九品張嘉猷擬請補缺後以縣丞歸候

補班補用

藍翎守備銜濟甯城守營千總王錦標擬請

賞換花翎

為知照事同治元年四月二十四日准

吏部咨文選司案呈本部會奏前事一案相應

抄単知照可也粘単内開謹将東河防河出力

請奬與例案相符各文員開列清単恭呈

御覧

候補道陳畇雯據該督保奏請加 按察使銜

試用知府蔣珣據該督保奏請戴花翎
東河試用同知呂偉峯據該督保奏請歸先儘
班前先用
知州銜候補知縣李瑞椿據該督保奏請戴藍翎
即用知縣張爕據該督保奏請補缺後以直隸
州用先換頂帶

候補知縣閔榮午仝

候補布經歷趙惟嶸據該督保奏請補缺後以

知州補用先換頂帶

謹將東河防河出力請獎例案不符各文員開

列清单恭呈

御覽

候補道陳世勲

候補道周樹衡

以上二員據該督保奏請

飭交軍機處記名遇有河南道員缺出請

旨補放

查該員等均係防河出力並非衝鋒冒鏑

按照章程不准保奏請

旨記名所請

記名補放之處應毋庸議其出力之案由該督另核

請奬

直隸州升用東河候補通判王家衍豪該督保

奏請免補本班以河南直隸州用

查該員係防河出力並非接仗按照章程

不准免補本班應由該督另核議具

東河先用通判王繼志擬該督保奏請免補本

班以知州歸山東補用

查該員係防河出力並非接仗按照章程

不准免補本班以及改歸地方補用應請

改奨王繼志候補本班後於山東河南兩
省掣定一省以沿河知州補用
東河候補通判廣恩據該督保奏請補缺後以
知州歸河南候補班補用先換頂帶
藍翎五品銜睢州州同汪廷輝據該督保奏請
以河南知州歸候補班前補用

理問銜東河試用縣丞何梓楫據該督保奏請

補缺後以知縣歸山東補用

東河候補縣丞鄭孝元據該督保奏請補〻〻後

以知縣歸山東補用

查該員等均係防河出力按照章程不准保

奏指省及改指地方應請改奬廣恩俟補缺

後於山東河南兩省掣定一省以沿河知州歸候補班補用所請先換頂帶應毋庸議汪廷輝准其以沿河知州於山東河南兩省掣定一省歸候補班前補用何梓楫鄭孝元均俟補缺後於山東河南掣定一省以沿河知縣補用

提舉銜捐升通判河南候補縣丞洪錫縉據該

督保奏請補缺後以知州補用

查該員官冊內係由布理問銜候補縣丞捐

升通判選用之員所請補缺後之處應改為

候選通判後以知州補用

試用從九品張嘉猷據該督保奏請補缺後以

縣丞歸候補班補用

查該員係防河出力並非接仗按照章程不

准越級請升應改獎俟補本班後以應升之

缺歸候補班補用

內閣抄出河東河道總督降四級留任黃

奏稱防河差使寔與軍營効力無異各員俱係
晝夜長住河干嚴密稽查認真盤詰方能杜奸
細混跡北渡臣悉心酌核蘭儀渡口委員勞績
最為彰著除北岸委員已由聯捷
奏報外南岸委員與北岸勞績相埒自應加以奨
叙謹擇其尤為出力者另繕名單恭呈

御覽仰懇
天恩准予獎勵等因欽奉
諭旨該部議奏單併發欽此欽遵拟出到部查 臣部
議覆御史張興仁條奏章程内開軍務省分除
寔係衝鋒冒鏑懋著戰功之員仍准保奏以道
府請

旨記名簡放及遇有缺出開單請
簡其餘糧臺文案各項局務捐務並犇竟下省及辦
理團練等項勞績均不得保奏請
旨記名又無論何項勞績概不准保奏指省及改發
他省又議覆升任光祿寺卿宗晋條奏章程內
開嗣後辦理局務人員外官自道府以下現任

人員概不准越次保奏其候補候選各員祇准

請加選補班次如班次無可再加祇准候選補

原班後再以應升之缺升用不得越級請升及

請免補免選本班字樣又查各省保奏防剿打

仗出力人員均蒙

特旨允准 臣部覈其所保官階班次除與章程不符

者奏明駁正其餘遵

旨註冊行知各督撫遵照辦理在案今河東河道總

督黄　請將防河尤為出力人員奏請獎勵

臣等悉心查覈除將與例案不符之陳世勲等

十員應令改獎至清单内開有候補縣丞徐振

墀請以知縣歸山東補用又開有候補縣丞徐

振揮請以知縣歸河南補用是否重複開寫抑
係名姓錯悞應令該河督詳細查明聲覆到部
再行辦理其陳嵩雯等七員覈與章程及奏准
成案相符可否准照該督所請給予奬叙之處
謹分别繕具清單恭候
欽定兵部查藍翎守備衛濟甯城守營千總王錦標

據該督保奏請戴花翎與文職事同一案自應
准其換戴花翎可否准照該督所請給予獎敘
恭候
欽定等因具
奏於同治元年正月初六日具
奏奉

旨依議欽此

奏為恭報黄河凌汛安瀾並嚴催赶辦歲料情形

仰祈

聖鑒事竊照上冬凌汛届期督飭道廳營汛防護並

籌辦中河廳險工及催司撥發料價赶購歲儲

各緣由臣於十一月二十一日具

奏在案自交冬至以後瑞雪續霑氣候嚴寒河水凝凍大塊氷凌下注凡有臨黄埽壩深寘劇傷先經各廳營稟明動用存工舊料將卑矮埽段擇要加廂高整密掛柳椿以資攩禦其河勢坐湾各處並多派勤幹弁兵攜帶打凌器具往来查看一有凌塊擁積之時敲打推行不任壅遏

抬水致有隱患並疊札廳營汛弁親赴長堤周

密防護不准鬆懈現已節逾立春天氣漸和陽

回凍解黃河大溜循順行走兩岸各工悉臻平

穩安瀾誌慶堪以仰慰

聖懷惟往後積凌[illegible]下注臨黃磚石埽壩必須小心

保守臣當督飭道廳詳勘工程之緩急隨時寔

力修防不任稍有疎忽至各廳額辦歲料為桃
伏秋三汛修守要需向於歲前採辦近年因料
價未能早撥遲至春夏之間始行堆齊而年內
總須先購數成方不致赶辦不及所有壬戌年
歲料價銀早經
奏准而司庫迄今絲毫未撥道廳無力籌墊以致

尚未設廠收購臣雖經屢次面催撫臣並藩司
籌撥料價總以軍餉緊急推托殊不知賊患與
河患相等必須隨時兼顧蓋賊捻竄擾豫疆可
以人力相擊尚有勦退之時若河工無料無錢
憑何修守設有他虞則黃流旁趋上游完善各
州縣被淹當此度支不易無項籌堵竟無涸復

之期不但賦無所出餉從何撥且慮捻匪勾結
穴黎滋擾並恐皖捻北竄無黃河天險可守其
去秋捻擾上中下河三廳幾至失事亦由
司庫不肯預撥錢糧可購料未能先事豫辦所致
患更甚。因此臣晝夜焦灼寢饋難安牽動舊疾
時常發動也
辦公勉力支持現在惟有再行諄商新任撫臣
鄭　飭令藩司赶將壬戌年歲料例帮價銀
分別籌發一俟料價撥到由道轉發各廳嚴飭

分投星夜採購並委在工學習之戶部主事蕭

彥申前赴兩岸查催務使剋期完竣以重工儲

而免貽悞修防為此恭摺具

奏伏乞

皇上聖鑒謹

奏

同治元年正月十一日具

奏於正月二十九日奉到

議政王軍機大臣奉

旨知道了欽此

二 二清挐

奏稿

奏為查明咸豐十一年九十兩月各湖存水尺寸

分繕清單恭摺彙

奏仰祈

聖鑒事竊照嘉慶十九年六月内欽奉

上諭湖水所収尺寸每月查開清單具奏一次等因欽

此所有上年八月分湖水尺寸業經臣繕单具
奏在案茲據署理運河道宗稷辰先後將九十兩
月各湖存水尺寸開摺禀報前来臣查微山湖
定誌收水在一丈四尺以内因豐工漫水灌注
量驗湖底積受新淤恐不敷濟運經前河臣李
會同前撫臣崇奏奉

上諭加收一尺以誌樁存水一丈五尺為度上年八月
分存水一丈三尺九寸九十兩月內均水無消
長較十年九十兩月俱水小七寸此外昭陽南
陽南旺獨山馬場蜀山馬踏等七湖九十兩月
內水勢互有消長其各湖存水及比較尺寸已
列入清单摺內應請毋庸重複聲敘惟查各湖之

水因上年節次宣放入河攔禦捻匪且伏秋汛
内雨澤稀少以致未曾收足幸濱河一帶上冬
瑞雪普霑雖不深厚而天寒凝結存積尚多現
已春融地氣上升一經凍解山泉坡水可期旺
發 臣惟當督飭道廳嚴閉單閘廣籌收蓄設法
導引務使源源入湖以資備用不任稍有疎忽

以仰副

聖主重瀦衛民之至意所有咸豐十一年九十兩月

各湖存水尺寸分繕清單恭摺彙

奏伏乞

皇上聖鑒謹

奏

同治元年正月十一日具

奏於正月二十九日奉到

議政王軍機大臣奉

旨知道了欽此

謹将咸豐十一年九月分各湖存水寔在尺寸
逐一開明恭呈
御覽
運河西岸自南而北四湖水深尺寸
一微山湖以誌樁水深一丈二尺為度先因湖
底淤墊三尺不敷濟運奏明收符定誌在一

丈四尺以内又因豐工漫水灌注量驗湖底
復受新淤二尺七寸奏奉
上諭加收一尺以誌樁存水一丈五尺為度本（上）年八月
分存水一丈三尺九寸九月内水無消長仍
存水一丈三尺九寸較十年九月水小七寸
一昭陽湖本（上）年八月分存水四尺二寸九月内

水無消長仍存水四尺二寸較十年九月水勢相同

一南陽湖上年八月分存水三尺九月內水無消長仍存水三尺較十年九月水勢相同

一南旺湖上年八月分存水二尺三分九月內消水六寸三分寔存水一尺四寸較十年九

月水小四尺五寸六分

運河東岸自南而北四湖水深尺寸

一獨山湖本上年八月分存水五尺三寸九月内水無消長仍存水五尺三寸較十年九月水小四寸

一馬場湖本上年八月分存水四尺九寸九月内

長水一寸寔存水五尺較十年九月水小一寸八分

一蜀山湖定誌收水一丈一尺為度上年八月分存水四尺一寸五分九月內消水六寸五分寔存水三尺五寸較十年九月水小五尺五寸

一馬踏湖本上年八月分存水一尺五分九月内
水無消長仍存水一尺五分較十年九月水
小二寸二分

謹將咸豐十一年十月分各湖存水寔在尺寸

逐一開明恭呈

御覽

運河西岸自南而北四湖水深尺寸

一微山湖以誌樁水深一丈二尺為度先因湖

底淤墊三尺不敷濟運奏明收符定誌在一

丈四尺以內又因豐工漫水灌注量驗湖底復受新淤二尺七寸奏奉上諭加收一尺以誌椿存水一丈五尺為度本上年九月分存水一丈三尺九寸十月內水無消長仍存水一丈三尺九寸較十年十月水小七寸

一昭陽湖本上年九月分存水四尺二寸十月內

消水一寸寔存水四尺一寸較十年十月水大一寸

一南陽湖本上年九月分存水三尺十月内消水一寸寔存水二尺九寸較十年十月水大一寸

一南旺湖本上年九月分存水一尺四寸十月内

長水一尺寔存水三尺四寸較十年十月水
小二尺五寸六分
運河東岸自南而北四湖水深尺寸
一獨山湖本上年九月分存水五尺三寸十月內
消水一寸寔存水五尺二寸較十年十月水
小三寸

一馬場湖本上年九月分存水五尺十月內水無
消長仍存水五尺較十年十月水小五分
一蜀山湖定誌収水一丈一尺為度本上年九月
分存水三尺五寸十月內長水三寸二分寔
存水三尺八寸二分較十年十月水小四尺
六寸、分

一馬踏湖本上年九月分存水一尺五分十月内長水三寸八分寔存水一尺四寸三分較十年十月水大一寸六分

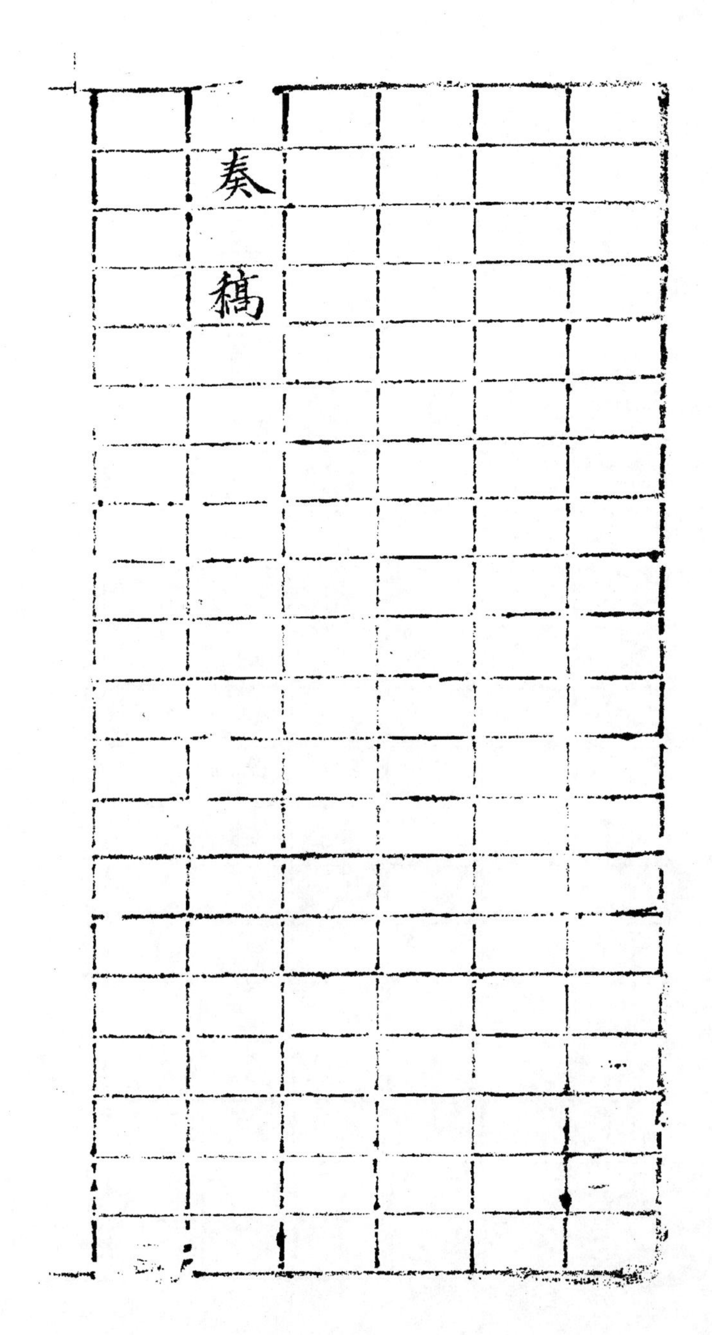

奏稿

奏為東省運河道九次捐輸核明各官生應請官
階繕具清单奏懇
恩施獎敘
勅部速議給照仰祈
聖鑒事竊照運河修防錢粮近因東境各路用兵需

餉浩繁司庫撥款未能兼顧河工即有所撥[illegible]
為數甚微其各州縣額解道庫河銀又屢皖渦捻
教匪滋擾催解不前而應修急辦之工勢難從
緩道庫早空無項籌墊廳員挪措力竭不得不
賴勸捐稍資湊用惟東河捐輸屢奉部文必須
七銀三分雖較運河支款五銀五釸不過多現

銀二成下各處捐輸板交實銀均較東河減少官生孰肯舍少就多是以臣節次函商運河道廳凡報捐者雖照七銀三鈔作收仍令按照京銅局及豫省捐輸餉票折減上兑方能陸續而來其中核之各廳領項折耗固多而工用急迫萬不得已作此權宜辦理庶還舊措新藉資周

轉至廳員挪墊之欵如有情愿報効者亦聽其
自便并飭集有成数即行請奏俾可早得議叙
後來者益期踴躍茲續據前任運河道敬和將九次
捐輸道員職銜李聯洋等六十六員名共捐銀
三萬四千九百五十七兩並七次捐輸案內漢
軍候補筆帖式增瑞補交銀九百七十二兩共

收捐銀一萬五千九百二十九兩詳請具
奏前來臣逐一勾稽按照現行常例籌餉新例接
展條款酌減銀數核明各官生應請官階均屬
與例相符謹分繕清單恭呈
御覽仰懇
天恩俯賜獎敘

勅部速議給照以昭激勸各官生觀感奮興尚可冀
有續捐於運河修費不無裨益其報捐貢監生
及從九品職銜執照即將臣前請頒發到空白
執照填給至此次所捐之款仍照七銀三鈔作
收按五銀五鈔隨時核發各廳彌補前墊挪措
新項湊[illegible]工用道庫並無餘賸除飭將抵欵冊

赶緊造冊核咨並將冊送到各官生履歷冊分

別咨部外為此恭摺具

奏伏乞

皇上聖鑒訓示謹

奏

同治元年正月十一日具

奏於正月二十九日摺回奉到

議政王軍機大臣奉

旨戶部覈議具奏單二件併發欽此

運河道九次捐輸員名銀数清単

謹将山東運河道九以收捐各捐生員名銀数

並所請官階繕具清単恭呈

御覧

道員職銜李聯洋捐銀八千四百一十四兩請

以道員歸籌餉新例雙月選用並加

三級請給予祖父母父母及本身暨

妻室從二品

封典

不論雙單月候選道員黃祖絡捐銀三千二百

六十四兩請以道員分發湖北歸籌

餉新例不論雙單月補用並免保舉

不論雙單月候選知广黃祖綸捐銀二千四十

八兩請以知府分發湖南歸籌餉新
例不論雙單月補用
山東候補知府沈鍠捐銀一千三百三十二兩
請加四級給予父母從二品
封典並將本身暨妻室應得
封典

貤封胞叔父母其曾祖父母及祖父母已得過一品
封典
不論雙单月候選知府張龍圖捐銀一千三百
三十二兩請加四級給予祖父母父
母繼母生母從二品
封典並將本、暨妻室應得

封典
貤封曾祖〻母
工部額外員外郎張恩釗捐銀五百九十四兩
請加二級給予父母從四品
封典並將本身及妻室應得
封典

貤封祖父母

江蘇通州直隸州俊秀沈熙文捐銀一千六百八十八兩請作為監生給予同知職銜

東河九品銜候補主簿李功泌捐銀九百七十二兩請以州同歸籌餉新例雙月選

用仍留五品銜

監生何世榮捐銀二千七百兩請以州同歸籌餉新例雙月選用並加四級給予父母從四品

封典並將本身及妻室應得

封典

貤封祖父母
江蘇如皋縣俊秀吳振鏞捐銀一千七十五兩
請作為監生以州同歸籌餉新例雙
月選用
州同職銜李為珠捐銀八百四十兩請加二級
給予父母及本身暨妻室從五品

封典

監生以其根捐銀二百四十兩請給予州同職

銜

從九品職銜楊貽謀捐銀二百六十四兩請作

為監生給予州同職銜

從九品職銜白恩捐銀四百四十四兩請作為

監生加州同職銜並給予父母及本
身暨妻室從六品
封典
從九品職銜李德厚捐銀二百六十四兩請作
為監生給予州同職銜
從九品職銜蔣蘭生捐銀一千一百四兩請作

為監生加布政司理問職銜並加二
級給予父母繼母從五品
封典並將本身暨妻室應得
封典
貤封祖父母
直隸候補班前先補用典史盛思源捐銀四百

五十四兩請以府經歷歸籌餉新例
雙月選用
監生郭錫瑲捐銀五百六十二兩請以府經歷
歸籌餉新例雙月選用
福建閩縣俊秀龔致中捐銀九百三十一兩請
作為監生以縣丞歸籌餉新例不論

斐月選用

從九品職銜吳均泉捐銀一百八十四兩請作

為監生給予縣丞職銜

附生沈鈐捐銀四百四兩請作為貢生給予翰

林院待詔職銜

增監生吳溶捐銀二百八十八兩請給予翰林

院待詔職銜
不論雙單月候選訓導孔繁漢捐銀一百四兩
請以訓導分發本省歸籌餉新例不
論雙單月補用
從九品職銜許邦翰捐銀一千二百四十八兩
請作為監生加部司職銜請給予父

母正四品
封典並將々身暨妻室應得
封典
貤封胞兄嫂
監生郭錫瑤捐銀一千二百二十四兩請加都
司職銜並給予父母正四品

封典將本身暨妻室應得

封典

貤封胞叔父母

山東濟甯直隸州俊秀張儀廷捐銀二百四兩

請給予貢生

山東濟甯直隸州俊秀劉亦凱捐銀八十八兩

山東濟寧直隸州俊秀李必復捐銀八十八兩

山東濟寧直隸州俊秀周樹立捐銀八十八兩

山東濟寧直隸州俊秀馬恩標捐銀八十八兩

山東濟寧直隸州俊秀張鳳樓捐銀八十八兩

江蘇通州直隸州俊秀沈鑅捐銀八十八兩

江蘇通州直隸州俊秀沈蔚文捐銀八十八兩

江蘇通州直隸州俊秀沈藻文捐銀八十八兩
江蘇如皋縣俊秀姜毓昌捐銀八十八兩
江西廬陵縣俊秀廖鵬萬捐銀八十八兩
江西萬安縣俊秀郭丙熾捐銀八十八兩
江西泰和縣俊秀郭嗣村捐銀八十八兩
福建上杭縣俊秀邱[illegible]煥[illegible]銀八十八兩

江西萬安縣俊秀賴[illegible]珠捐銀八十八兩

山西洪洞縣俊秀胡壽慶捐銀八十八兩

江西清江縣俊秀龔鼎盛捐銀八十八兩

山東濟甯直隸州俊秀謝德洪捐銀八十八兩

山東濟甯直隸州俊秀陳柏椿捐銀八十八兩

山東濟甯直隸州俊秀王魯庭捐銀八十八兩

六品軍功任振鄴捐銀八十八兩

山東濟甯直隸州俊秀楊長庚捐銀八十八兩

山東濟甯直隸州俊秀張瑞吉捐銀八十八兩

山東濟甯直隸州俊秀劉煥章捐銀八十八兩

山東[illegible]縣俊秀劉普齡捐銀八十八兩

山東濟甯直隸州俊秀程[illegible]和捐銀八十八兩

山東濟甯直隷州俊秀常式捐銀八十八兩

山東濟甯直隷州俊秀史漢捐銀八十八兩

山東濟甯直隷州俊秀馬如璋捐銀八十八兩

山東濟甯直隷州俊秀汪廷澐捐銀八十八兩

請給予武監生

山東濟甯直隷州俊秀牛琴軒捐銀八十八兩

山東濟甯直隸州俊秀張益齋捐銀八十八兩

山東濟甯直隸州俊秀劉新沐捐銀八十八兩

山東濟甯直隸州俊秀王業增捐銀八十八兩

江西金谿縣俊秀李超羣捐銀八十八兩

江西仝谿縣俊秀鄧敬修捐銀八十八兩

山東濟甯直隸州俊秀靳丁倫捐銀八十八兩

山東濟寧直隸州俊秀徐[illegible][illegible]捐銀八十八兩

山東大興縣俊秀安若懿捐銀八十八兩

以上三十八名均請給予監生

江蘇如皋縣俊秀吳尊泗捐銀六十四兩

山東掖縣俊秀劉彦成捐銀六十四兩

以上二名均請給予從九品職銜

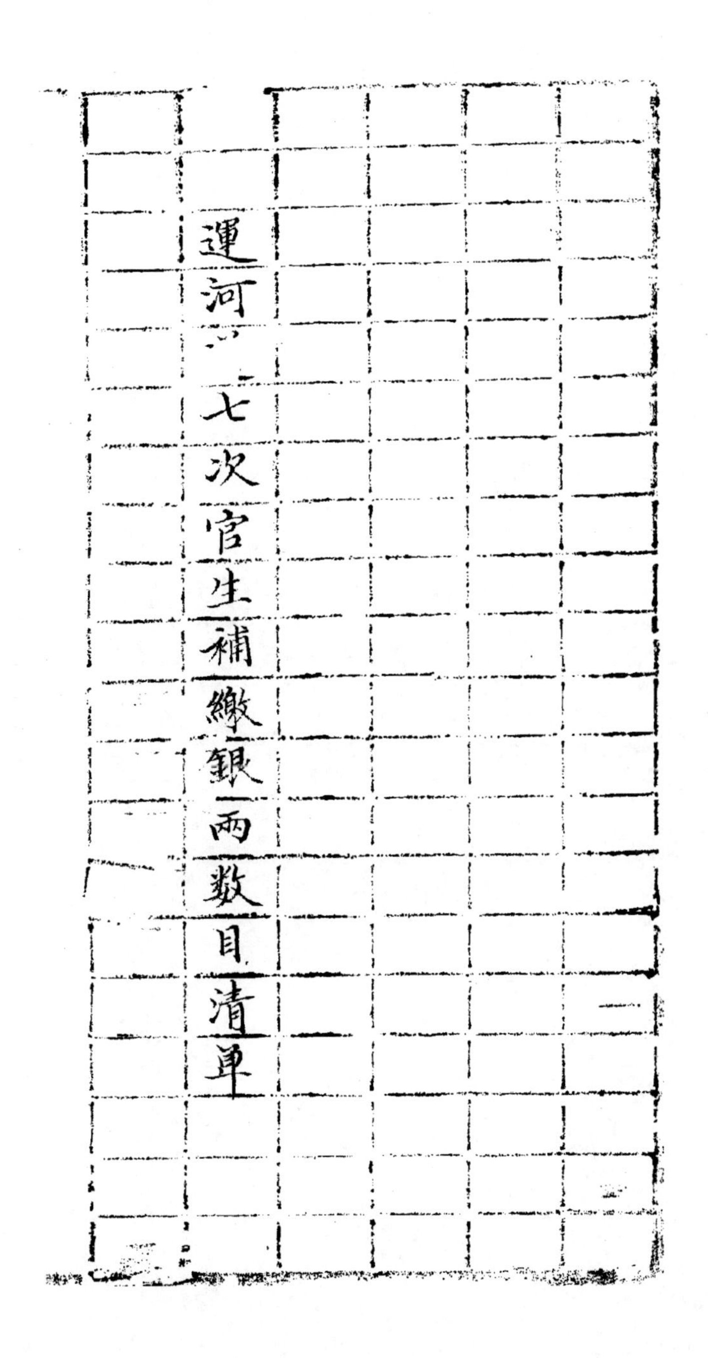

運河[illegible]七次官生補繳銀兩数目清單

謹将山東、運河道七品官、繳銀兩数目及

所請、、階繕具清単恭呈

御覧

漢軍候補筆帖式增瑞補交銀九百七十二兩

、仍照原請以知縣免考試歸籌餉新

、例不論雙單月選用並加同知階銜

為移會事同治元年三月二十日准
兵部火票遞到
户部咨捐納房案呈本部議覆河東河道總督
黄　奏東省運河道九次捐輸請奬一摺同
治元年三月初五日具奏本日奉
旨依議欽此欽遵相應抄録原　片单飛咨河東河

道總督宜照所有該省歷　輸各案飯照銀

兩應知照該督轉飭彙齊專委解部交納以資

辦公毋任遲延可也計原奏清單內開

戶部謹

奏為遵

旨核議事河東河道總督黄　奏東省運河道九

次捐輸請獎一摺同治元年正月十九日議政
王軍機大臣奉
旨戶部核議具奏單二件併發欽此欽遵由內閣抄
出到部據原奏內稱竊照東河捐輸屢奉部文
必須七銀三鈔雖較運河支款五銀五鈔不過
多現銀二成而各處捐輸　實銀均較東河

減少臣節次逐商河道等　報捐者雖照七
銀三五作收仍令按照京銅局及豫省捐輸餉
票折減上兌核之各廳領項折耗固多而工用
急迫萬不得已作此權宜辦理庶還舊措新藉
資周轉茲續據前任運河道敬和將九次捐輸
道員職銜李聯洋等六十六員名共捐銀三萬

四千九百五十七兩並七次捐輸案內漢軍候
補筆帖式增瑞補交銀九百七十二兩共收捐
銀三萬五千九百二十九兩核明各生應請官
階均屬相符謹分繕清單恭呈
御覽仰懇
天恩俯賜獎敘

勅部速議給照其捐監生從九　銜執照即將臣

前請久發到空白執照填給至此次所捐之款

仍照七銀三鈔作收按五銀五鈔隨時核發各

廳彌補前墊挪借新項湊作工用道庫並無餘

賸合將抵款冊赶緊造送核咨並將先送到各

官生履歷冊分別咨部等語臣等伏查山東運

河道捐輸河工經費自 臣 部奏令按銀七錢三收捐後已據黃 將八次捐輸各員奏請獎叙在案茲據該督以運河道第九次捐輸李聯洋等六十六員名共捐銀三萬四千九百五十七兩又七次捐輸案內增瑞補交銀九百七十二兩共收捐銀三萬五千 二十九兩開单

具奏請獎並造冊咨部前　等督飭司員逐
一查不人除李聯洋等七名或應聲明何案報捐
或應補交監生四成實銀或送部咨文內係以
錢作銀應聲明是否奏准有案統俟聲明補交
到日另行核辦又沈熙文等三十五名捐項符
合業由該督填給空白執照給發外其餘黃祖絡

等十九名所請獎敘核其銀數均與例案相符
謹繕清单恭呈
御覽如蒙
恩准給獎臣部移咨吏兵二部迅繕執照頒發給領
至該之河道需用河工經費奏定銀鈔各半支
發而收捐之項係銀七鈔 、撥工需尚餘銀

二成應令赶緊造冊送部、毋再遲延致滋
含混、有臣等核議緣由謹繕摺具奏伏乞
皇上聖鑒再此摺因該督咨送捐冊在後是以覆奏
稍遲合併聲明謹
奏計開李聯洋道員銜捐銀八千四百十四兩請
以道員雙月選用並加三級給予祖父母父母

本身妻室從二品
封典該員道銜係何案報捐應令聲明黃祖綸候選
知府捐銀二千四十八兩請以知府分發湖南
補用該員在河南報捐知府雙单月案内應補
一成實銀俟補交後再行核准李功泌五品銜
東河候補主簿捐銀九百　二兩請以州同

雙月選用該員原捐監生　新例報捐應令

補交[illegible]成實銀顧世榮監生捐銀二千七兩請

以州同雙月選用並加四級給予父母從四品

封典將本身妻室應得

封典貤封祖父母該員應補交監生四成實銀吳振

鏞俊秀捐銀一千七十五兩請作監生以州同

雙月選用該員應補交監生四成實銀孔繁漢
候選訓導捐銀一百四兩請以訓導分發本省
補用該員原捐訓導係何例報捐應令聲明增
瑞候補筆帖式前捐銀三千九百五兩今補交
銀九百七十二兩請以知縣不論雙单月選用
並免考試加同知升銜查　、內聲明係以制

錢一千五百文作銀一·兩　奏准有案應令

聲明

四片一阅

奏稿

奏為道〻積勞成疾一時難以就痊籲懇

天恩俯准開缺回旗調理仰祈

聖鑒事竊照山東運河道敬和現年五十歲滿洲進

士由詹事府左中允於咸豐三年保送河工學

習奉

旨發往東河差遣委用欽此到工後學習二年期滿保

奏奉

上諭左中允敬和准其以道員留於東河補用俟補缺

時再行引見欽此六年正月經前河臣奏署運河道

恭奉

上諭山東運河道員缺著敬和署理俟一年後題請

實授再行併案送部引見欽此以道自任事以來經
理通以運河督屬疏濬修築保隄衛民悉合機
宜近年皖捻不時竄擾東境均由濟甯往來該
道雖非地方人員而不分畛域協同州營紳董
督飭兵勇防堵守城始終不懈上年九月內經
欽差大臣勝　調勘大清河及運河一帶扼要處所以

備禦賊當經 臣附片

奏明檄委東河候補道宗稷辰接署運河道篆在

案茲接准勝 咨稱據該道敬和呈稱身體素

健自咸豐三年揀發東河學習每年周歷河干

勘工查料無間寒暑以致積受潮濕染患兩腿

浮腫頭暈目眩之症百計調治時止時發注事

骰

後尚可照常辦公至十年秋八間逆捻疊次竄撲濟甯運上河道雖係河工人員然駐紮城中何敢稍分畛域當賊匪攻城圍圩勢甚危急晝夜督率文武員弁防堵巡查動輒十餘日眠食俱廢心氣日虧舊疾愈重每一舉發須靜卧数日方可稍痊前蒙札查大清河扼要地方本係力疾

就道因時值隆冬天氣嚴寒往來河濱又復感
受風濕步履艱難精神異常委頓據醫家云非
静養數月安心調治不能痊愈不敢戀棧貽誤
運河職守懇求移咨河督奏請開缺回旗調理
當即委驗該道患病屬寔取具印結咨請 臣具
奏並聲明敬和年力正強將來病痊尚堪起用且

該道係專司河務並無地方之責與軍務省分地方〃員告病者不同等情前來臣復查東省運河現在雖無南粮行走而修守隄埝蓄水禦賊保衛生民仍關緊要該道敬和既因舊疾大發一時難以就痊恐措置未能周密轉致貽悞關係非輕相應據寔

奏明仰懇

天恩俯准將運河道敬和即行開缺飭令回旗調理

該道辦事向來認真小心謹慎能耐勞苦病痊尚堪起用

至所遺之缺東河現有候補道宗稷辰一員堪

以請補已於另片奏請先行署理合併陳明為

此恭摺具

奏伏乞

皇上聖鑒訓示謹

奏

同治元年正月十一日恭摺具

奏於正月二十九日奉到

議政王軍機大臣奉

旨敬和着准其開缺回旗欽此

再東河所轄黃運四道除河南開歸河北二道
並山東兗沂道俱係地方道員兼管河務遇有
缺出委署及請
旨簡放向由撫臣核辦惟運河道一缺專管通省運
河並無地方之事是以歸河臣委署請補前任
運河道方墉現任運河道敬和均係前河臣

奏准先行署理一年後
題請寔授在案正摺所奏敬和舊疾大發一時難
以就痊懇請開缺回旗調理如蒙
恩准所遺運河道一缺經管閘内運河及閘外衛河
統計工程延長一千一百餘里并有疏濬湖渠
泉源修築閘座壩埝保堤衛民事務最為繁要

近年蓄水禦賊協同地方文武員弁紳董防勦
守城尤為至重非精明幹練熟悉情形之員弗
克勝任查東河候補道宗稷辰現年六十七歲
浙江舉人由内閣中書軍機章京洊升刑科給事中於咸
豐七年保送河工引
見奉

硃筆發往東河差委到工學習二年期滿經臣
奏請留工以道員補用並因委辦東境民埝未竣
請俟工竣再行赴部引
見奉
硃批俱著照所請欽此該員老成穩練辦事實心自委
署道篆以來正己率屬勾稽詳慎以之補授斯

缺寔堪勝任可否仰乞
天恩准将東河候補道宗稷辰補授運河道洵於運
務有裨如蒙
俞允仍請照案先行署理俟一年後
題請寔授併案送部引
見再該員係河工候補道亦經委署地方員缺並無

叅罰案件合併聲明為此附片
奏請伏乞
聖鑒訓示謹
奏
同治九年正月十一日附
奏於正月二十九日奉到

議政王軍机大臣奉
旨吏部議奏欽此

此摺二月十二日卯時拜發

奏稿

臣黄○○臣鄭○○臣譚○○跪

奏為謹遵

硃諭裁撤乾河各營員弁兵丁恭摺會奏仰祈

聖鑒事竊臣黄　於咸豐十年七月内具奏蘭儀

以下乾河各廳議請飭令會同地方官丈量舊

河身灘地開墾招民耕種升科以裨經費並以

營弁改作操防而重地方一摺恭奉
硃批該部妥議具奏欽此嗣於十一年四月內接奉部
咨逐條議准覆奏欽奉
硃批乾河各營員弁兵丁著即行裁撤勿庸再行察看
情形其一切關涉營制事宜均毋庸議惟現任實缺
營弁暨精壯兵丁應如何補缺入伍之處著該河督

會同巡撫安擬具奏餘依議欽此當經轉飭豫東兩
省司道核議去後茲據河南前任布政使邊浴
禮開歸道德蔭升任河北道王榮第山東前任
布政使清盛兗沂道盧朝安會議先後詳覆前
來伏查豫省南岸蘭儀儀睢睢甯商虞四營額
設戰兵五十二名每年例支餉米銀一千七十

三兩二錢八分守兵六百二十三名每年例支
餉米銀九千一百二十兩七錢二分共銀一萬
一百九十四兩北岸曹考營額設戰兵十八名
每年例支餉米銀三百七十一兩五錢二分守
兵一百二十三名每年例支餉米銀一千八百
兩七錢二分共銀二千一百七十二兩二錢四

分統計兩岸共銀一萬二千三百六十六兩二錢四分東省黄河額設協辦守備二員每年例支俸薪馬乾銀九十八兩四錢千總一員每年例支俸薪馬乾銀七十三兩二錢把總一員每年例支俸薪馬乾銀六十一兩二錢戰兵四十名每年例支餉米銀八百二十五兩六錢守兵

二百三十名每年例支餉米銀三千三百六十
七兩二錢共銀四千四百二十五兩六錢均請
於咸豐十一年五月底截止所有乾河各營員
弁兵丁謹遵
諭旨全行裁撤惟所裁現任實缺營弁專事修防向不
練習弓馬技藝若改歸標營敘補恐不得力查

豫省上游兩岸有河之廳尚有七營以及東省
運河營均有缺可補請仍留河工當差遇缺酌
拔以資熟手其兵丁內挑選年力精壯者改撥
標營先行操練遇有額缺方准頂補入伍以期
核實至舊河身丈量灘地開墾早經臣黄
會同調任河南撫臣嚴 及臣譚 通飭

乾河各廳汛及沿河各州縣啇同查辦並出示
遍貼各村庄曉諭灘地居民遵照無如皖捻不
靖不時竄擾豫東舊河身灘地為往来必由之
路各州縣籌辦防剿以及灘內居民築圩自守
無暇及此應俟捻匪稍平下游兩岸並河灘漸
就肅清即當督飭嚴催赶緊查丈容俟量明確

計實有地若干畝開墾招民試種能否升科分

別等第核明征收錢漕另立灘租款目造冊分

晰咨部備查斷不任以多報少牽混滋弊為此

恭摺會

奏伏乞

皇上聖鑒謹

奏
同治元年二月十二日會
奏於三月初五日奉到
議政王軍機大臣奉
旨該部議奏欽此

奏稿

奏為咸豐十年分運河另案各工飭查未能删減委係寔工寔用仍請照原案銀数報銷恭摺具

奏仰祈

聖鑒事竊臣於咸豐十年七月内具奏運河加捕上四廳湖河土石堤岸残塌過甚亟應擇要估修以

資保衛民生而備蓄水禦賊一揞恭奉
硃批該部議奏欽此旋接工部咨議准飭辦並經臣将
辦過工程清单及比較等件
奏明在案嗣於十一年十月初八日接准部咨查
明東南兩河咸豐十年另案工程動用銀数遵
旨彙奏事案内以運河道属要工稀少現在小未帮船

無多較之歷年自應大加撙節不得因額定銀
数內稍有節減即可藉以塞責應令㨿寔刪減
覈奏再行核辦等因當経轉飭勘減去後茲㨿
署理山東運河道宗稷辰詳稱遵即督飭各廳
詳加履勘查運河亘長一千一百二十餘里湖
河土石堤埧閘座工段繁多非関蓄水濟運即

係保衛民田廬舍均極緊要每年應辦之工不
可枚舉祇因奏辦另案工程錢粮歲有定額僅
擇要中之最要方敢禀請估辦現雖南粮仍歸
海運而小米秫船及差貢盐粮各項船隻無不
往来經行裕
國便民皆属要務况近年黄流挟沙穿運行走南

北灌注倒漾水面因之抬高而冬挑工程又復停辦淤墊日益深厚若不將堤岸隨時修整其各項工程並山泉等河亦任其殘壞淤塞則田舍悉成澤國既無以衛民河道勢必斷流更何以利運是補偏救弊不得不按年擇其必不可緩者請修以免疎失所有咸豐十年分運洳捕

上四廳奏案各工先經切實估計復蒙再四核
減至無可刪減始行飭辦計請修十案共銀八
萬八千餘兩已於是年大汛內陸續如式趕辦
完竣報明驗收在案委係實工實用未能再行
刪減懇請俯奏仍照原案銀數
題估報銷前來臣復查運河各工片段延長不獨

保堤衛民且須蓄水禦賊現在賊氛未靖軍需浩繁全賴完善之區征收賦稅以資協餉若運河修守無資致有踈虞則多一處被淹即緩一處錢粮司庫少一處進項權其輕重勢難緩修況較例定不出十萬兩之数每年已減辦銀一萬餘兩并按五銀五鈔核發較之從前節省寔

多所有咸豐十年分已辦奏案工程臣逐加覈
核委屬未能删減應請仍照原案銀数
題估報銷以重要工為此據寔覈
奏伏乞
皇上聖鑒勅部存核施行謹
奏

同治元年二月十二日具

奏於三月初五日奉到

議政王軍機大臣奉

旨該部議奏欽此

再河工近因公私交窘辦理維艱實缺及署事
人員往往接奉札飭延不赴任均經臣隨時嚴
催不准藉端逗留茲有山東東昌府下河通判
陳啟南經臣於咸豐十年六月
題署先飭赴任嗣奉准部文後復檄催在案乃迄
今年餘之久尚未前往雖因豫東賊匪往來行

人裏足並非無故遲延而現在亳捻東匪俱經
僧格林沁剿滅殆盡道路早已疏通該員猶復
徘徊觀望實屬有心規避相應請
旨將陳啟南革職示懲（懲）以儆效尤所有東昌府下河
通判一缺容臣另行遴員
題署為此附片具

奏伏乞

聖鑒訓示謹

奏

同治元年二月十二日附

奏於三月初五日奉到

議政王軍機大臣奉

旨陳啟南著即革職吏部知道欽此

三清茶

奏稿

奏為查明咸豐十一年十一月分各湖存水尺寸

謹繕清單仰祈

聖鑒事竊照嘉慶十九年六月内欽奉

上諭湖水所收尺寸每月查開清單具奏一次等因欽

此所有上年九十兩月湖水尺寸業經 臣 分繕

清單彙
奏在案茲據署運河道宗稷辰將十一月分各湖
存水尺寸開摺禀報前來臣查微山湖定誌收
水在一丈四尺以内前因豐工漫水灌注量驗
湖底積受新淤恐不敷濟運經前河臣李 會
同前撫臣崇 奏奉

上諭加收一尺以誌椿存水一丈五尺為度上年十月
分存水一丈三尺九寸十一月內消水二寸寔
存水一丈三尺七寸較十年十一月水小六寸
此外除馬場一湖水無消長外其昭陽南陽獨
山三湖因風颺日晒各消水一寸南旺蜀山馬
踏三湖因收納汶水長水七寸及二分乏七寸

二分計昭陽湖存水四尺南陽湖存水二尺八寸南旺湖存水四尺一寸獨山湖存水五尺一寸馬場湖存水五尺蜀山湖存水三尺八寸四分馬踏湖存水二尺一寸五分以上各湖存水除昭陽南陽二湖比十年十一月水勢相同馬踏湖水大一尺六寸九分外餘俱較小自五分

至三尺八寸六分不等查上冬濱河一帶得雪
較少来源微弱是以各湖之水根長無多尚間
有見消交春以来又未得雨惟冀甘霖早沛方
能廣籌收蓄 臣當督飭道廳先將通湖各路並引渠疏
濬深通以備收水暢利斷不任稍有疎忽以仰
副

聖主重瀦衛民之至意所有咸豐十一年十一月分
各湖存水尺寸謹繕清單恭摺具
奏伏乞
皇上聖鑒謹
奏
同治元年二月十二日具

奏於三月初五日奉到

議政王軍機大臣奉

旨工部知道单併發欽此

謹將咸豐十一年十一月分各湖存水寔在尺

寸逐一開明恭呈

御覽

運河西岸自南而北四湖水深尺寸

一微山湖以誌樁水深一丈二尺為度先因湖底

淤墊三尺不敷濟運奏明收符定誌在一丈

四尺以内又因豐工漫水灌注量驗湖底復
受新淤二尺七寸奏奉
上諭加収一尺以誌椿存水一丈五尺為度上年十月
分存水一丈三尺九寸十一月内消水二寸
寔存水一丈三尺七寸較十年十一月水小
六寸

一昭陽湖上年十月分存水四尺一寸十一月内消水一寸寔存水四尺較十年十一月水勢相同

一南陽湖上年十月分存水二尺九寸十一月内消水一寸寔存水二尺八寸較十年十一月水勢相同

一南旺湖上年十月分存水三尺四寸十一月
内長水七寸寔存水四尺一寸較十年十一
月水小一尺五寸
運河東岸自南而北四湖水深尺寸
一獨山湖上年十月分存水五尺二寸十一月
内消水一寸寔存水五尺一寸較十年十一

月水小二寸

一馬場湖上年十月分存水五尺十一月内水無消長仍存水五尺較十年十一月水小五分

一蜀山湖定誌收水一丈一尺為度上年十月分存水三尺八寸二分十一月内長水二分

寔存水三尺八寸四分較十年十一月水小
三尺八寸六分

一馬踏湖上年十月分存水一尺四寸三分十
一月內長水七寸二分寔存水二尺一寸五
分較十年十一月水大一尺六寸九分

同治元年六月初五日准
吏部咨為知照事文選司案呈内閣抄出河東
河道總督黄　奏稱運河道一缺專管通省
運河並無地方之事是以歸河臣委署請補現
任運河道敬和舊疾難痊開缺回旗調理所遺
運河道一缺經管閘内運河乃閘外衛河統計

工程延長一千一百餘里並有疏濬湖渠泉源
修築閘座垻堰保堤衛民事務最為緊要近來
蓄水禦賊協同地方文武員弁紳董防剿守城
尤為至重非精明幹練熟悉情形之員弗克勝
任查東河候補道宗稷辰老成穩練辦事實心
自委署道篆以來正身率屬勾稽詳慎以之補

授斯缺寔堪勝任可否仰乞
天恩准將東河候補道宗稷辰補授運河道洵於運
務有裨如蒙
俞允仍請照案先行署理俟一年後
題請寔授併案送部引
見等因同治元年正月十九日議政王軍機大臣奉

旨吏部議奏欽此欽遵抄出到部查定例奉
旨命往補用人員無論應題應調應選之缺悉准該
督撫先儘補用又道府請
旨缺出概不准將在省候補人員開单請
簡又河工人員遇有升調補授題咨到部吏部咨查
工部有無河工分賠銀兩如有應賠銀兩並未

逾限者照例議准各等語宗稷辰浙江舉人由
刑科給事中揀發東河學習二年期滿奏請留
工以道員補用因委辦東境各州縣紳民築埝
攔黃要務尚未事竣俟補缺後併案送部引
見於咸豐九年九月初十日奉
硃批著照所請欽此茲據該河督奏請署理運河道奉

旨交臣部議奏臣等查運河道一缺係請

旨之缺例應請

旨簡放不准將在省候補人員開单請

簡嗣因詹事府左賛善方墉揀發東河學習二年期

滿經河督保奏以道員留工遇有河南山東河

道缺出請

旨簡用當經臣部奏明河南山東請
旨河道之缺例不准其開单請
簡惟該員係奉
旨命往補用之員遇有題調選缺悉准補用而東河並
無管河之題調選缺自未便令其無缺可補行
令於豫東兩省道缺内查明竹缺濱臨河工指

定缺分先行奏明俟有缺出将該員儘先補用
以後再有發往東河學習期满以道員用者即
專補此次奏定之缺不得請補别缺等因旋據
該河督奏稱運河道一缺經管山東全省運道
統轄五廳有稽核錢粮督率修防催趲之責請
将方墉署理奏准在案又揀發東河之詹事府

左中允敬和學習二年期滿留工以道員補用
奏請署理運河道奏准亦在案今該河督奏請
將候補道宗稷辰署理運河道與方墉敬和事
同一律經臣部行查工部有無河工分賠銀兩
茲於同治元年二月十四日覆稱該員並無河
工分賠銀兩核與請署之例相符相應奏明請

旨候補道宗稷辰准其署理運河道仍俟經歷一年

後題請實授如不勝任立即撤回另行請

旨簡放等因同治元年二月二十日奉

旨依議欽此

再牛 麟 慧 均奉

旨留工差委現在補築中牟壩工臣等擬令麟 慧

稽查兩壩正雜料物錢粮牛 移駐工次稽

覈總局文案錢粮仍兼管捐輸局事務理合附

片奏

聞謹

秦

秦稿

奏為查明咸豐十一年分豫東黄運兩河各廳辦
過另案土埽磚石各工叚落銀數遵照舊章分
繕清单彙案恭摺具
奏仰祈
聖鑒事竊照道光十五年九月内接准部咨奏奉

上諭嗣後每年彙奏清单務遵奏定限期無論奏咨各

案彙為一冊其比較上三年之數原從清单而出毋

庸分為兩事致滋歧異等因欽此所有咸豐十一年

分豫東黄運兩河各廳辦過另案工程均經臣

随時具

奏在案謹查照從前舊章將土埽磚石各工段落

丈尺細数分為四條開列於後

一另案磚埽工豫省南岸開歸道屬上南中河下南三廳共十一案除防風埽工照例節省八束銀兩外共用銀三十九萬五千一百九十九兩一厘北岸河北道屬黃沁衛粮祥河下北四廳共九案共用銀二十八萬七千五百

八十八兩六分二厘統計咸豐十一年豫省黃河上游七廳另案磚埽工共用銀六十八萬二千七百八十七兩六分三厘比較咸豐十年分計少銀三萬八千三百八十一兩五錢三分六厘比較咸豐九年分計少銀八萬二千三百三十五兩一錢五分比較咸豐八

年分計少銀六萬五千五百四十八兩五錢
一分五厘並將例價時價逐案於单内比較
一另案增培土工豫省南岸開歸道屬上南一
廳共工二段共用例津二價銀一千九百九
十二兩二錢比較咸豐十年分中河一廳統
用銀數計少銀九千三百九十九兩五錢二

分三厘比較咸豐九年分豫省南岸上南中
河下南三廳統用銀數計少銀二千三百五
兩三錢八分九厘比較咸豐八年分上南中
河二廳統用銀數計少銀七千九百三十二
兩三錢九分二厘

一另案拋護碎石各工豫省南岸開歸道屬上

南中河下南三廳共三案共用石方銀四萬八百七十六兩二錢三分四厘北岸河北道屬黃沁衛粮祥河下北四廳共四案共用石方銀三萬六千八百四十六兩八錢三分六厘統計咸豐十一年豫省黃河上游七廳抛護碎石工程共用銀七萬七千七百二十三

兩七分比較咸豐十年分計多銀五千九百五十二兩六錢六分二厘比較咸豐九年分計多銀一百七十九兩二錢七分一厘比較咸豐八年分計少銀六千七百四十五兩八錢八分五厘

一另案運河各工東省運河道屬運泇捕上下

五廳共奏辦十一案共用銀八萬二千五百八十一兩九錢三分五厘比較咸豐十年分計少銀五千八百七十五兩二錢一分八厘比較咸豐九年分計少銀七千一百二十七兩四分二厘比較咸豐八年分計少銀七千七百九十兩二錢五分二厘

以上各工辦理情形俱詳原奏除兗沂道屬未
辦另案工程外茲據開歸河北運河三道各將
動用料土磚石銀数做過工段丈尺先後分案
造送印冊前来臣復加確核無浮理合分繕清
単彙案恭摺具
奏伏乞

皇上聖鑒敕部存核施行謹

奏

同治元年三月二十七日具

奏於四月十七日奉到

議政王軍機大臣奉

旨工部知道片一件單五件并發欽此

先一片一

再運河每年咨辦工程所用銀數雖列入比較
向不奏送清単咸豐七年三月内接准部咨以
運河咨案每年動用銀兩比較単内僅有總數
無憑稽核行令於具奏清単時將咨案工程件
數另単分晰附奏並於估銷時將年分聲叙以
昭慎重而歸核實等因當經轉飭遵辦在案茲

查咸豐十一年分運河加河捕河上河下河五廳咨辦工程共用銀一萬三千六百十五兩九錢一分八厘據署運河道宗稷辰將各廳辦過工程細數逐件彙造印冊詳送前來臣覆加確核無浮理合另列一单附片具

奏伏乞

聖鑒勅部一併存核施行再查咸豐十一年運河各
廳奏辦工程前准部咨議令刪減俟覆奏到日
再行核辦等因當經轉飭現署運河道宗稷辰
勘減去後茲據覆稱逐細履勘委係擇其要中
之最要工段估修業經辦竣未能刪減除另容
專摺覆奏外現將做過工程動用銀數照例先

行列入清单比較各摺内彙奏合併陳明謹
奏
同治元年三月二十七日附
奏於四月十七日奉到
議政王軍機大臣奉
旨覽欽此

卷二

奏稿

奏為彙核咸豐十一年分豫東黃運兩河各道屬
奏咨另案用銀總數比較上三年銀數循例繕
具清單恭摺奏祈
聖鑒事竊照嘉慶二十一年准工部咨開凡河道另
案工程無論題咨各案於三汛後將一年統用

銀数彙奏一次並将上三年另案所用銀数多
寡分晰比較以備查核等因奏奉
諭旨依議欽此嗣於道光八年十二月內准部咨奏奉
上諭嗣後彙奏單內除歲搶修定額外凡一年另案工
程俱入單內比較等因欽此歴年欽遵辦理旋於十
五年九月內復准部咨奏奉

上諭嗣後彙奏清單務遵奏定限期無論奏咨各案彙
為一冊其比較上三年之數原從清單兩出毋庸分
為兩事致滋歧異等因欽此十七年二月內又准工
部咨奏奉
上諭嗣後無論動用何欵著一律歸入比較各等因欽
此所有咸豐十一年分黃運兩河另案奏辦各

工清單業經另摺彙案具
奏並將上三年所用銀数随案聲明比較臣復查
黄運兩河除歲搶修不入比較外咸豐十一年
分豫省黄河上游各廳奏辦另案土埽磚石各
工共計銀七十六萬二千五百二兩三錢三分
三厘比較十年分少用銀四萬一千八百二十

餘兩比較九年分少用銀八萬四千四百六十
餘兩比較八年分少用銀八萬二百二十餘兩
運河奏辦各工共計銀八萬二千五百八十一
兩九錢三分五厘比較十年分少用銀五千八
百七十餘兩比較九年分少用銀七千一百二
十餘兩比較八年分少用銀七千七百九十兩

零其各案各工共用銀一萬三千六百一十五
兩九錢一分八厘比較上三年少用銀十八兩
零及一百餘兩並一百一十餘兩據豫省開歸
道德蔭河北道周煦徵東省署運河道宗稷辰造送
各案銀數比較清冊前來臣逐加覆核無異謹
將用銀總數分別比較彙繕清單恭摺具

奏伏乞

皇上聖鑒勅部存核施行謹

奏同治元年三月二十七日具

奏於四月十七日奉到

議政王軍機大臣奉

旨工部知道片单并發欽此

覽

謹将咸豐十一年分河南山東二省黄運兩河
開歸河北運河各道属奏咨另案用銀総数並
比較上三年銀数分晰開繕清単恭呈
御覧
開歸道属
咸豐十一年分奏辦另案磚石土埽各工共

十五案共用銀四十三萬八千六十九兩
四錢三分五厘
比較咸豐十年分另案磚石土埽各工共
用銀四十六萬二千五百六十九兩七
錢五分五厘
咸豐十一年計少銀二萬四千五百兩三

錢二分

比較咸豐九年分另案磚石土埽各工共

用銀四十九萬一千六百六十一兩二

錢八分三厘

咸豐十一年計少銀五萬三千五百九十

三兩八錢四分八厘

比較咸豐八年分另案磚石土埽各工共

用銀四十八萬二千九百六十兩六錢

七分九厘

咸豐十一年計少銀四萬四千八百九十

三兩二錢四分四厘

河北道屬

咸豐十一年分奏辦另案埽磚石各工共十三案共用銀三十二萬四千四百三十四兩八錢九分八厘

比較咸豐十年分另案埽磚石各工共用銀三十四萬一千七百六十二兩九錢六分五厘

咸豐十一年計少銀一萬七千三百二十
八兩六分七厘
比較咸豐九年分另案埽磚石各工共用
銀三十五萬五千三百二兩三錢一分
八厘
咸豐十一年計少銀三萬八百六十七兩

四錢二分

比較咸豐八年分另案歸磚石各工共用

銀三十五萬九千七百六十八兩四錢

四分六厘

咸豐十一年計少銀三萬五千三百三十三兩

五錢四分八厘

開歸河北二道屬

咸豐十一年分奏辦另案磚石土埽各工共

用銀七十六萬二千五百二兩三錢三

分三厘

比較咸豐十年分另案磚石土埽各工共

用銀八十萬四千三百三十兩七錢二

分

咸豐十一年計少銀四萬一千八百二十

八兩三錢八分七厘

比較咸豐九年分另案磚石土埽各工共

用銀八十四萬六千九百六十三兩六

錢一厘

咸豐十一年計少銀八萬四千四百六十一兩二錢六分八厘

比較咸豐八年分另案磚石土埽各工共用銀八十四萬二千七百二十九兩一錢二分五厘

咸豐十一年計少銀八萬二百二十六兩

七錢九分二厘

運河道屬

咸豐十一年分奏辦另案各工共十二案共

用銀八萬二千五百八十一兩九錢三

分五厘

比較咸豐十年分奏案工程共用銀八萬

八千四百五十七兩一錢五分三厘
咸豐十一年計少銀五千八百七十五兩
二錢一分八厘
比較咸豐九年分奏案工程共用銀八萬九
千七百八兩九錢七分七厘
咸豐十一年計少銀七千一百二十七兩

四分二厘

比較咸豐八年分奏案工程共用銀九萬

三百七十二兩一錢八分七厘

咸豐十一年計少銀七千七百九十兩二

錢五分二厘

咸豐十一年分咨辦各工共二十八案共用

銀一萬三千六百一十五兩九錢一分八厘

比較咸豐十年分咨案共用銀一萬三千六百三十四兩二錢九分六厘

咸豐十一年計少銀十八兩三錢七分八厘

比較咸豐九年分咨案共用銀一萬三千

七百二十二兩七錢五分四厘

咸豐十一年計少銀一百六兩八錢三分

六厘

比較咸豐八年分咨案共用銀一萬三千

七百三十一兩九錢八分一厘

咸豐十一年計少銀一百一十六兩六分
三厘

光二片二

再

再查黃河工需向於霜清後由司撥發實銀預購来歲料物其時工儲充足而一遇險工動用不敷即須另請款項尚不免有意外之虞近年司庫撥發黃河料價係三銀七鈔尚不能及期撥給且迭次出險並未另請錢粮即如去歲上南中河兩廳正當搶險之際屢被賊匪滋擾刨翻

埽段幸值深秋水弱得免他虞而中河大堤已
潰塌数百丈 臣 與前撫 臣 商籌現銀為補還大
堤之用亦議於本年用数内挹彼注兹通融籌
畫不准出向年範圍而辦理未免掣肘此係實
在情形惟現值軍需浩繁度支不易 臣 具有天
良自應得省即省故連年於黃運兩河工程事

事核實隨時剔緩務從撙節碍(故)以咸豐十一年

分用數比較上三年(得以)遞省至八萬餘兩之多理

合附片陳明謹

奏

同治元年三月二十七日附

奏於四月十七日奉到

議政王軍機大臣奉
旨覽欽此

卷二

奏稿

奏為確核豫省黃河南北兩岸上游各廳咸豐十
一年另案搶辦磚埽工程動撥司庫銀款總數
循例恭摺具
奏仰祈
聖鑒事竊照豫省黃河兩岸每當伏秋大汛遇有搶

辦工程向於司庫動撥銀欵應用前於嘉慶十
年及二十一年節經各河臣撫臣議請每年先
於地丁項下提出銀三十萬兩以備險工之需
俟將次用完體察情形預為籌計應需添撥若
干會核具
奏一面行司提取備用各等因先後奏奉

諭旨允准飭遵其道庫所墊不敷銀兩係霜後奏撥還
欵歷經遵辦在案查咸豐十一年伏秋汛内黄
河長水勤旺上游兩岸各廳險工疊生當岌岌
可危之時搶廂拋護已屬不易而八九月間皖
捻屢次沿堤竄擾到處焚掠人夫星散臣督飭
道廳調派将弁兵勇於干戈騷擾之中冒險招

集人夫添購料物得將各工搶辦防護平穩安
瀾普慶一切情形均經臣隨時
奏明至所需錢粮因例撥銀三十萬兩不敷曾循
酌減之數
奏請添撥秋汛防險銀十萬兩當因秋漲過旺搶
險新工層見疊出工需緊廹即經咨商撫臣並

行藩司照數籌撥應用尚有不足司庫欠款未
能續撥飭令道廳多方挪措湊辦得保無虞臣
於慎重工程之中處處力求樽節不准絲毫虛
糜是以上年雖遇奇險而用數比較前三年仍
大有節減其道廳措墊之款照案統由司庫核計
撥還所有南北兩岸各廳另案搶辦磚埽各工

經臣逐加覆核切實駁刪減准應銷銀數彙案
另摺奏送清單計豫省上游七廳共用銀六十
八萬二千七百八十七兩六分三厘內除動用
道光二十年存工磚值銀五千六百二十三兩
八錢六分七厘咸豐十年存工稭值銀一萬一
千六百二十兩存工磚值銀三百一十二兩九

錢一分三厘計撥用司庫添辦防稭酌辦磚稭
銀三萬八千一百七十八兩歲麻加價銀二萬
七千三百六十兩又例撥添撥防險銀除發辦
備防碎石銀三萬二千兩另歸石工案內造報
外實歸磚埽工用銀三十六萬八千兩共撥過司
庫銀四十三萬三千五百三十八兩現除南北

兩岸上游各廳用存稭料值銀一萬八百五十
兩用存磚塊值銀九百十二兩五錢七分四厘
二毫有料磚存工外應找撥不敷銀二十四萬
三千四百五十四兩八錢五分七厘二毫以符
奏案兩清欠款謹循例會同河南撫臣鄭
恭摺具

奏伏乞

皇上聖鑒再查另案不敷銀兩向於核奏清單後由

司撥還道庫湊辦歲儲及節次搶辦要工之需

前數年因司庫未能全數撥還以致道庫空虛

無項支墊兩河防修守關係至重應請循案於

司庫按照三銀七鈔章程趕緊籌款找撥俾可由

道湊發上游各廳儹辦壬戌年歲稭並備伏秋

大汛槍辦險工之用以免貽悞而重修防理合

陳明謹

奏

同治元年三月二十七日具

奏於四月十七日奉到

議政王軍機大臣奉

旨工部知道片并發欽此

知道

再案准戶部咨行令嗣後奏報動撥司庫銀款
摺內應將動用歷年舊存磚方銀数詳細聲明
以憑核對等因查
奏報咸豐十年動撥司庫銀欵総数摺內陳明用
存磚塊值銀三百五十五兩一錢八分七厘內
開歸道屬用存磚塊值銀七十兩四錢八分九

厘十一年動用無存河北道屬用存磚塊值銀
二百八十四兩六錢九分八厘十一年動用磚
值銀二百四十二兩四錢二分四厘計存未用
磚值銀四十二兩二錢七分四厘再查上年春
間具奏十年分動撥司庫銀款總數摺内用存
磚塊值銀二百八十四兩六錢九分八厘漏未

将開歸道屬用存磚值銀七十兩四錢八分九
厘列入計是年開歸河北二道屬用存磚塊共值
銀三百五十五兩一錢八分七厘茲查明添正
以符料物四柱冊內數目而核與找撥不敷銀
款總數並無絲毫出入合併聲明又附片
奏明豫省河北道屬用存道光二十年磚塊值銀

五千六百二十三兩八錢六分七厘十一年動
用無存開歸道屬並無舊存磚塊以上動用存
磚銀數與上届原報數目相符理合附片具
奏伏乞
聖鑒勅部存核施行謹
奏

同治元年三月二十七日附

奏於四月十七日奉到

議政王軍機大臣奉

旨覽欽此

奏為恭報黄河桃汛安瀾仰祈
聖鑒事竊照黄河以清明後二十日之内為桃汛之
期春水發生来源漸旺巡防修守事宜必須妥
為布置 臣 現駐豫省先經督飭各道廳詳勘河
勢之趨向工程之緩急以定堆儲料物之多寡

凡可緩之工概不准辦以歸樽節其應修者亦
不敢拘泥貽悮先將上南中河二廳還堤帮堤
土工硪切勘减估定由司撥到現銀飭廳認真
儹築並委員監辦臣與開歸道德蔭不時親往
查催現在牽計已辦有六成四月中旬總可完竣
臣
俟工完後再往驗收倘有草率偷减情弊即

行
奏叅押令翻築以重要工其祥河廳急應帮隄之
工一俟催司撥到銀兩即飭赶速興辦勒限完
報斷不任遲延至上游有河七廳額辦歲稭麻
觔爲修守根本例於年前採購近年因司庫料
價未能依時撥發遲至春間收買司撥不敷尚

須各廳挪借湊墊本年料價正二月內屢催藩
司總未籌撥廳員歷年挪墊工用已多利債蝟
集力未能再行設措迨交桃汛復屢次諄面催始
據司庫酌撥由道轉發各廳先後具報設廠臣
現在一面嚴飭各該廳分投赶緊購辦寔足堆
垛以速補遲一面再催藩司陸續籌款撥發以

資接濟而免遲悮其另摺請添防料磚石亦係
每年額辦之數為工用必不可少之需除防料
一項應俟歲料辦竣接廠採買以杜牽混並磚
塊一項各於本工可以收購外惟碎石一項須
赴山開採船運需時若俟奉
旨後再行撥銀採運恐悮拋護埽壩之用現飭各廳

於領欵內先行通融派弁赴山採辦迅速裝運
廒工次早堆一方碎石多得一方之益再查黃
河溜勢趨向靡常除無工之處及淤閉之埽應
俟河勢逼注察看情形緩急方准擇要廂修外
其向係臨黃各埽形勢未移者或上年新廂之
埽秋稭發廂或舊埽上實下虛必須趁此春夏

之間水未大長逐段加廂高整以期大汛內抵
禦盛漲得力均飭俟歲料辦有成數驗收後方
准廂辦務令寔工寔用不任絲毫虛糜計自三
月初七日節交清明至二十六日二十日桃汛
已過各廳先後報長水一尺餘寸至二尺不等
兩岸工程防護平穩安瀾誌慶堪以仰慰

聖懷爲此恭摺具

奏伏乞

皇上聖鑒謹

奏

同治元年三月二十九日具

奏於四月十七日奉到

議政王軍機大臣奉
旨工部知道欽此

閩

奏稿

奏為請添壬戌年上游各廳防料磚石俾裕工需
兩資修守並循案查明用存稭探扣抵減辦核
銀劃還司庫以歸撙節恭摺具
奏仰祈
聖鑒事竊照黃河兩岸豫省各廳向於額辦歲料外

添辦備防稭二千垛東省曹河曹單二廳添辦
備防稭五百垛均於霜前請銀發辦自道光十
一年為始應將各廳用存稭垛查明抵作防料
扣銀劃還司庫改為霜後具奏並經前河臣吳
邦慶於道光十二年酌改章程將此項銀兩四
成辦稭六成辦石嗣因各廳情形不同或請全

数辦磚或酌分改辦磚石歷經

奏准上年並蒙

硃批依議欽此各在案伏查黃河水勢湍激溜力較勁

固賴兩岸堤工為保障而當水長工險之時臨黃

埽壩全恃料物充足方能修守無悞是以稭石

磚三項同為廂拋要需祇因籌欵不易應辦磚

石未敢另請錢粮歷年均於請添防料項下通融分成採購以期各有儲備現在下游各廳工雖停修而豫省上游有河七廳險工林立埽壩延長其防料磚石仍應循案抵減添辦俾裕工需臣先經督飭各道廳詳勘工程之緩急以定分儲防料磚石之多寡並查明用存稭料核銀

劃還司庫以歸樽節兹據開歸道德蔭詳稱南岸七廳向係分辦備防稭一千二百垛除下游四廳舊購稭一百二十三垛上游三廳上年用賸稭七十垛共一百九十三垛值銀一萬三千五百一十兩扣抵減辦並下游四廳河流未復再減辦稭五百垛值銀三萬五千兩外實請二

成辦稭一百一垛四分該例帮價銀七千九十八兩二成改稭辦磚銀七千九十八兩六成改稭辦石銀二萬一千二百九十四兩又據河北道周煦徵詳稱北岸五廳向係分辦備防稭八百垛除上游四廳上年用賸稭八十五垛值銀五千九百五十兩扣抵減辦並曹考一廳工程

停修再減辦稭一百三十五垛值銀九千四百
五十兩外實請四成辦稭二百三十二垛該例
那價銀一萬六千二百四十兩二成改稭辦磚
銀八千一百二十兩四成改稭辦石銀一萬六
千二百四十兩臣逐加覆核均屬應行添購業
將上年用賸之垛扣抵並停修各廳之稭減辦

未能再減且黃河用款現係三銀七鈔其中節

省實銀尤多仰懇

天恩俯念上游兩岸河防係保衛完善各州縣以重

賦稅餉需并賴黃河攔阻捻氛以免北竄

國計民生攸關所請防料磚石照數准添以資修

守恭候

命下臣即移咨撫臣並行藩司迅速籌款撥交開歸
河北二道轉發各廳俟歲稭辦竣接儹分投赶
購防料磚塊其碎石一項仍由廳自顧船隻編
列字號派弁赴山採運統限伏汛前辦齊由道
先行驗收報候臣按廳覆驗倘有短少遲延以
及堆垛虛鬆情弊立即指名嚴參不敢姑容以

重工儲而免貽悞所有請添上游各廳防料磚

石並查明用存稭梁扣抵減辦核銀劃還司庫

以歸撙節緣由謹會同河南撫臣鄭　恭摺

具

奏伏乞

皇上聖鑒訓示謹

奏

同治元年三月二十九日具

奏於四月十七日奉到

議政王軍機大臣奉

旨該部議奏欽此

再黃河修守以土工為根本隄工鞏固廂埽抛石有所憑依是以從前霜後擇要估修隄埧最為急務近數年来因司庫迫於軍餉籌款不易節經於春間附片

奏明不必預先估計察看河勢之趨向何處緊要

即於何處幫築以期撙節其土方價值先由道

庫壽墊至白露後驗明做過工段丈尺將銀土

細數分晰具

奏撥發司庫銀兩還款在案惟每歲情形不同上

年伏秋期內兩岸險工屢出尤以上南中河祥

河三、廳尤為最險其中河廳三堡及十三堡因土

性過、於沙鬆搶廂拋護已屬非易迨八九兩月

疊被賊匪沿河滋擾刨翻適值司庫錢粮支絀
應撥之欵未發無銀搶辦霜降以後尚塌埽潰
隄幸已水落溜弱不致有意外之虞旋經臣約
同前撫臣嚴　　親往該工履勘見數百丈長
隄有全行塌盡者有隄頂僅存數尺者行舟靠
厓停泊灘唇僅高水面尺許苟非冬令水消汎

漲上、灘其患何堪設想撫 臣 目睹工程十分危
險深、慮倘（或）有他處所關非細雖錢粮窘迫亦亟
應補、還大隄購備料物磚石廂拋保護斷不可
從緩惟、辦理土工必須層土層硪堅築時已隆
冬凍土、難以施工當即商明除應廂應拋埽垻
各該廳、本有額辦稭麻磚石飭令分儲各工備

用外其辦理土工之資由司籌備現銀另行提

存以便一交春融即行發辦本年正月内臣督

飭開歸道將上南中河二廳幫隄還隄土工核

實撙節估計節次駁減并將可緩之工剔除其

實應急辦者估定後一面催司將去冬与前撫臣籌備土工現

銀解到由道分次轉發各廳均於二月内興工

堅築臣 又專委熟諳工程之睢甯通判、汪青藜
前往監辦臣 與開歸道德蔭亦不時親往查催
務期一律鞏固以資保衛倘有遲延草率立將
承辦之員指名叅賠決不姑容以重要工至祥
河廳祥符汎十五六堡應行幇隄工段并經河
北道周煦徵勘減估定專俟司庫撥發銀兩興

辦此外有無急辦之工當於大汛內再、行察看
斷不任各廳虛估浮報仍照案統俟、白露後驗
明做過工段丈尺再將銀土細數具
奏合先附片分晰陳明伏乞
聖鑒謹
奏

同治元年三月二十九日附

奏於四月十七日奉到

議政王軍機大臣奉

旨該部知道欽此

奏爲查明咸豐十一年十二月分各湖存水尺寸

謹繕清单恭摺仰祈

聖鑒事竊照嘉慶十九年六月内欽奉

上諭湖水所收尺寸每月查開清单具奏一次等因欽

此所有上年十一月分湖水尺寸業經臣繕单

奏報在案茲據署運河道宗稷辰將十二月分各
湖存水尺寸開摺具稟前來臣查微山湖定誌
收水在一丈四尺以內前因豐工漫水灌注量
驗湖底積受新淤恐不敷濟運經前河臣李
會同前山東撫臣崇　奏奉
上諭加收一尺以誌樁存水一丈五尺為度上年十一

月分存水一丈三尺七寸十二月内消水一寸實存水一丈三尺六寸較十年十二月水小七寸此外除馬踏一湖長水七寸五分外其昭陽等六湖均水無消長計昭陽湖存水四尺南陽湖存水二尺八寸南旺湖存水四尺一寸獨山湖存水五尺一寸馬場湖存水五尺蜀山湖存

水三尺八寸四分馬踏湖存水二尺九寸以上各湖存水除昭陽南陽二湖比十年十二月水勢相同馬踏一湖水大二尺四寸四分外餘俱較小自一寸至三尺四寸二分不等查蜀山一湖為運河北路最要水櫃近年因節次宣放入運攔禦南捻且上冬今春雨雪稀少来源微弱

以致該湖存水尺寸甚形短絀惟冀甘霖叠沛
泉源旺發方能源源增益臣當督飭道廳隨時
妥慎經理得雨後將各湖水勢廣籌收納備資
應用不任稍有貽悞以仰副
聖主重瀦衛民之至意所有咸豐十一年十二月分各
湖存水尺寸謹繕清单恭摺具

奏伏乞

皇上聖鑒謹

奏

同治元年三月二十九日具

奏於四月十七日奉到

議政王軍機大臣奉

旨知道了欽此

謹将咸豐十一年十二月分各湖存水寔在尺寸逐一開明恭呈
御覧
運河西岸自南而北四湖水深尺寸
一微山湖以誌樁水深一丈二尺爲度先因湖底淤墊三尺不敷濟運奏明收符定誌在一

丈四尺以内又因豐工漫水灌注量驗湖底
復受新淤二尺七寸奏奉
上諭加收一尺以誌樁存水一丈五尺爲度上年十一
月分存水一丈三尺七寸十二月内消水一
寸寔存水一丈三尺六寸較十年十二月水
小七寸

一昭陽湖上年十一月分存水四尺十二月內水無消長仍存水四尺較十年十二月水勢相同

一南陽湖上年十一月分存水二尺八寸十二月內水無消長仍存水二尺八寸較十年十二月水勢相同

一南旺湖上年十一月分存水四尺一寸十二月内水無消長仍存水四尺一寸較十年十二月水小一尺二寸五分

運河東岸自南而北四湖水深尺寸

一獨山湖上年十一月分存水五尺一寸十二月内水無消長仍存水五尺一寸較十年十

二月水小一寸

一馬場湖上年十一月分存水五尺十二月内水無消長仍存水五尺較十年十二月水小一寸

一蜀山湖定誌收水一丈一尺爲度上年十一月分存水三尺八寸四分十二月内水無消

長仍存水三尺八寸四分較十年十二月水
小三尺四寸二分
一馬踏湖上年十一月分存水二尺一寸五分
十二月内長水七寸五分實存水二尺九寸
較十年十二月水大二尺四寸四分

再東省閘內運河每經伏秋汛內大雨時行山
泉坡水挾沙下注水過沙停易於淤墊是以從
前按年估辦冬挑尋常年分定例每歲用銀不
准出五萬兩如輪應大挑之年不准出六萬兩
自南粮改由海運各省軍務不靖協餉浩繁司
庫萬分支絀以致運河冬挑工程多年未曾估

辦河底逐年墊高堤岸因之吃重民生 田廬攸
關不得不竭力修守且運河為南北要津雖無
南粮行走而商民差貢船隻不能不任其往來
商賈通行庶臨清關稅課不致短絀但冬挑既
未能辦則河身不免有阻滯之處近年均經 臣
嚴飭該管運河道於霜降以後逐細履勘凡各

閘欄門淤灘及河中過形高仰各處俱責成各

汛閘顩夫挑挖以順河勢而利舟行不唯另請

錢粮本年仍循案照辦理合附片陳明謹

奏

同治元年三月二十九日附片具

奏於四月十七日奉到

硃批：知道了

議政王軍機大臣奉

旨知道了欽此

一

奏稿

奏為籲懇

陛見仰祈

聖鑒事竊照定例督撫三年任滿應行奏請

陛見臣自咸豐九年蒙

文宗顯皇帝補授河東河道總督是年四月到任迄今

已屆三年雖勉力修防連歲幸保安瀾而捻氣

未靖黃河為北省藩籬全局攸關現當錢粮支

絀辦工掣肘一切緊要事機必須面為陳奏且

奏且我

皇上御極後呂應恭覲

天顏謹循例具奏仰懇

恩准
陛見俾臣得以跪聆
皇太后
皇上聖訓庶修守機宜遵循有自以期永保安恬惟
查從前歷任河臣入都
陛見向於霜降後事簡之時回至濟甯將關防送交山東撫

臣
兼署近年因河防緊要且須籌辦乾河開墾
升科之事而東省運河冬春現無南粮行走無
須催儧是以臣長駐豫省時夏令來源日旺
轉瞬大汛經臨正河工修防吃緊之候况撫臣
鄭　督帶兵勇前赴許州一帶調度剿匪省
防事宜曾經撫臣面囑照料臣不敢稍分畛域

自應隨時事與司道等商辦未便擅離可否俟霜降

安瀾後將河督關防就近移交河南撫 臣 兼署

臣 即行入都或俟軍務稍靖再行奏請之處仰

候

訓示祇遵為此恭摺具

奏伏乞

皇上聖鑒謹

奏

同治元年四月二十五具

奏於五月十四日摺回奉到

議政王軍機大臣奉

旨著毋庸來見欽此

奏爲查明同治元年正二兩月各湖存水尺寸分

繕清單恭摺

奏仰祈

聖鑒事竊照嘉慶十九年六月内欽奉

上諭湖水所收尺寸每月查開清單具奏一次等因欽

山所有上年十二月分湖水尺寸業經臣繕單
奏報在案茲據署理運河道宗稷辰先後將正二兩
月各湖存水尺寸開摺具禀前來臣查微山湖
定誌收水在一丈四尺以内因豐工漫水灌注
量驗湖底積受新淤恐不敷濟運經前河臣李
會同前山東撫臣崇　奏奉

上
諭
加收一尺以誌椿存水一丈五尺為度上年十二月
分存水一丈三尺六寸本年正二兩月各消水
一寸實存水一丈三尺四寸較咸豐十一年正
月分水小五寸二月分水小四寸此外昭陽南
陽南旺獨山馬場蜀山馬踏等七湖正二兩月
內水勢互有消長其各湖存水及比較尺寸已

列入比較清單摺內應請毋庸重複聲敘惟查
各湖之水因上冬雪澤稀少今春復天氣久晴
來源微弱以致長少消多幸四月初二三並初
七等日濱河一帶大雨普霑湖河水勢漸旺往
後甘霖續沛可期大見增漲臣當督飭道廳隨
時設法導引廣籌收蓄務使湖水源源增益以

備宣用不任稍有踈忽以仰副
聖主重瀦衛民之至意所有同治元年正二兩月各
湖存水尺寸分繕清單恭摺具
奏伏乞
皇上聖鑒謹
奏

同治元年四月二十五日具

奏於五月十四日奉到

議政王軍機大臣奉

旨工部知道單二件併發欽此

奏稿

緊

奏為伏汛已交修守緊要現在督飭道廳將兩岸

各工妥慎防護恭摺具陳仰祈

聖鑒事竊照黃河修守以伏秋為最要兩長水之遲

早工程之平險均难預測有伏汛前後長水頻

仍迨交秋汛轉可平緩者有伏水較小秋漲過

形勢旺者其兩岸工程因黄河水性就灣淘勢
趨向靡定或舊埽漄出亟應搶補或臨黄埽垻
水長刷蟄應行加廂拋護或新工將生未生之
處先拋磚石垻垛抵禦免添新埽滋費或伏汛
工雖平穩秋汛轉出奇險每歲情形不同全賴
隨時相機辦理方能無悞無糜今年来源日旺

月十七日寅申二時武陟沁河兩次長水二尺
並六月十三日卯時長水二尺五寸、
五寸之後迄今未報續漲萬錦灘亦未報長因
因天氣久晴未雨通黃各河水小源微而測以
盈虛之理誠恐交伏後報長猛驟巡防修守備倍
應慎重工儲尤須寬備以免用時缺乏惟各廳
承辦稭麻磚石歲有定額當此錢粮萬分支絀

何敢另再請添而詳審河勢凡有生工處所積
料為先均飭於額辦料物內酌分堆儲以資備
防各該廳歲料已報辦竣先令開歸河北二道
驗收俟具報無虧 臣再挨廳覈驗現飭赶購防
料磚石一面催司撥款接濟仍不准其遲延 臣
本、擬赴工周巡因撫 臣鄭 尚在汝甯府督

剿平輿賊匪其陝西折回之捻自

欽差郡親王僧　　攻破金楼後直擣蒙亳老巢該

逆無巢可歸仍在河洛汝裕一帶盤踞滋擾西

南吃重省城緊要河水既未見長權其輕重自

應先暫住省垣與司道籌辦省防事宜且汴城距下南黑

堤工僅二十餘里距上南中河有工之處亦不

過数十里仍可就近督飭修守俟軍務稍鬆黄
水報長臣再出省周歷上游兩岸廵防庶兼顧
並籌以期兩無貽悞現飭開歸道德蔭河北道
周照徵先赴各廳驗料查工并委在工學習之
户部主事蕭彦申周歷兩岸會同各廳營及分
段任守之候補人員協防以昭慎密至黄河水

勢自交夏至以後溜力日勁各處先後稟報舊

埽滙塌補廂之工均飭該管各道查驗俟稟覆

到日再行核寔具

奏斷不任稍有虛糜所有伏汛已交修守緊要現

在督飭妥慎防護緣由理合恭摺具陳伏乞

皇太后

皇上聖鑒謹

奏

同治元年六月二十四日具

奏於八月初三日奉到

議政王軍機大臣奉

旨該部知道欽此

二 清草

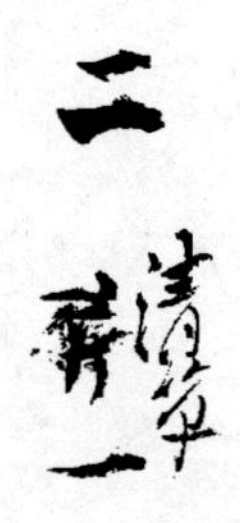

奏稿

跪

奏為查明四月分各湖存水尺寸謹繕清單恭摺

仰祈

聖鑒事竊照嘉慶十九年六月內欽奉

上諭湖水所收尺寸每月查開清單具奏一次等因欽

此所有三月分湖水尺寸業經 臣 繕具清單

奏報在案茲據署運河道宗稷辰將四月分各湖

存水尺寸開摺具稟前來臣查微山湖定誌收

水在一丈四尺以內前因豐工漫水灌注量驗

湖底積受新淤恐不敷濟運經前河臣李　會

同前山東撫臣崇　奏奉

上諭加收一尺以誌樁存水一丈五尺為度本年二月

分存下一丈三尺二寸四月内消水三寸五分實存水一丈二尺八寸五分較上年四月水小六寸五分此外昭陽南陽獨山蜀山四湖均水無消長其南旺馬場馬踏三湖因風颺日晒消水一寸四分及一寸三分並四寸九分計昭陽湖存水三尺九寸南陽湖存水二尺七寸南旺

湖存水二尺五寸六分獨山湖存水五尺馬場湖存水四尺八寸七分蜀山湖存水五尺馬踏湖存水二尺四寸六分以上各湖存水除昭陽南陽獨山馬踏四湖比上年四月水大一寸及三寸六分外其南旺馬場蜀山三湖較小二尺四分及二寸三分並一尺二寸一分不等查各

湖水勢緣春夏之間天時久晴不雨以致有消

無長俱形短絀現在瀕河一帶雖已得雨因地

脉乾燥尚未深透惟冀大沛甘霖山泉坡河旺

發方能廣籌收蓄 臣當督飭道廳隨時妥為經

理務期湖水充足以備宣用不任稍有貽悞以

仰副

聖主重瀦衞民之至意所有四月分各湖存水尺寸

謹繕清單恭摺具

奏伏乞

皇太后

皇上聖鑒謹

奏

同治元年六月二十四日具
奏於八月初三日奉到
議政王軍機大臣奉
旨工部知道单併發欽此

謹将同治元年四月分各湖存水寔在尺寸逐

一開明恭呈

御覽

運河西岸自南而北四湖水深尺寸

一微山湖以誌樁水深一丈二尺為度先因湖

底淤墊三尺不敷濟運奏明次符定誌在一

丈[illegible]尺以內又因豐工漫水灌注量驗湖底
復受新淤二尺七寸奏奉
上諭加收一尺以誌樁存水一丈五尺為度本年三月
分存水一丈三尺二寸四月內消水三寸五
分寔存水一丈二尺八寸五分較上年四月
水小六寸五分

無

一昭陽湖本年三月分存水三尺九寸四月内水無消長仍存水三尺九寸較上年四月水大一寸

一南陽湖本年三月分存水二尺七寸四月内水無消長仍存水二尺七寸較上年四月水大一寸

一南旺湖本年三月分存水二尺七寸四月内消水一寸四分實存水二尺五寸六分較上年四月水小二尺四分

運河東岸自南而北四湖水深尺寸

一獨山湖本年三月分存水五尺四月内水無消長仍存水五尺較上年四月水大一寸

一馬場湖本年三月分存水五尺四月內消水一寸三分寔存水四尺八寸七分較上年四月水小二寸三分

一蜀山湖定誌收水一丈一尺為度本年三月分存水五尺四月內水無消長仍存水五尺較上年四月水小一尺二寸八分

一馬沓湖六年三月分存水二尺九寸五分四

月内消水四寸九分寔存水二尺四寸六分

較上年四月水大三寸六分

奏稿

跪

奏為咸豐四年臣在籍勸諭富紳劉錫綬蕭魁淮

各捐銀一萬兩循例擬請永遠加廣文武學額各

一名尚未奏奬請

旨飭令江西撫臣查案奬敘以昭激勸恭摺仰祈

聖鑒事竊照咸豐三年江西吉安府土匪滋事圍城

知府王本梧被害署知府崔登鼇到任後因城
淩庫空賊匪尚在四鄉盤踞防堵無資其時臣
丁憂在籍當經該府邀臣與修撰劉繹協同勸
捐以資軍餉除零星捐戶由該府彙冊請獎外
其廬陵縣職員劉錫綬蕭魁淮經臣等竭力勸
諭各捐現錢一萬兩即經議明提請永遠加廣

廬陵縣文武學額各一名亦由府造冊申送藩
司批准彙覈辦理而藩司復另札飭提前項銀
兩解省報撥業經署府崔登鼇解過銀七千四
百餘兩其餘銀一萬二千五百餘兩存於府庫
嗣因警報疊至郡城被圍防守需費請餉未發
即將此項捐款用去茲臣接家鄉親友來信知

此案所捐銀兩延未請獎而劉錫綬蕭魁淮均
已物故伏思軍興以來逆氛不靖到處肆擾守
城防堵以及軍務一切所需尚應由司庫酌發
接濟江西自咸豐元年辦理防剿以來全賴捐
輸以補經費之不足迨臣於四年春奉
旨會辦[illegible]捐輸[illegible]江西[illegible]勸捐[illegible]至再至三而各搜括殆遍紳民尚能捐至

百萬餘兩之、、皆因
恩施立沛故各捐生等踴躍輸將急公恐後前此劉錫綬等各捐
銀一萬兩原係情殷報効保衛桑梓照例擬請
永遠加廣本縣學額合郡皆知乃因銀兩為本
地軍需挪用不能全數解司迄今九載尚未
奏請獎敘似不足以昭平允而勵將來復查劉錫

繳等所捐銀兩係臣與修撰劉繹兩人所勸由

該職員等繳存府庫其短鮮之銀因軍需動用

亦臣與劉繹兩人所共見委屬實情並無虛捏

理合據情具

奏請

旨飭下江西撫臣行司查案仍照永遠加廣學額之

飭下該部從本身應得獎敘迅速詳請奏獎以勵人心而昭激勸為此恭摺陳

奏伏乞

皇太后

皇上聖鑒訓示謹

奏

同治元年六月二十四日具
奏於八月初三日奉到
議政王軍机大臣奉
旨另有旨欽此
同治元年七月初七日内閣奉
上諭黄、
奏八旗富紳捐餉擬加學額尚未具奏

請飭於案內以一摺咸豐四年江西吉安府办理
防堵該河背在籍勸捐廬陵縣職員劉錫綬蕭魁
滙各捐銀一萬兩擬請永遠加廣廬陵縣文武學
額各一名嗣因此項銀兩為本地軍需挪用迄今
延未請獎着沈　飭令藩司查明原案仍照永
遠加廣文武學額之例迅速奏明辦理其已故捐

生劉錫綬等所捐銀兩應如何酌給奬叙之處著

一併查明具奏欽此

再東河河標四營存儲一切軍伙甲械錢糧馬
匹等項向係每年照例檄委濟甯直隸州知州
逐一澈底盤查飭取各營冊結加結詳送於封
印前保
題上年因賊匪未靖到處竄擾以致豫東往來驛
路[illegible]有[illegible]以濟甯文報時常不通未能依限彚

辦當經咨請展緩嗣據四營將領並濟甯州先
後詳稱以咸豐十一年分保題軍器冊內有應
行造入官兵應領俸餉公費等項銀兩並營中
操演動支本營庫存量備三年藥鉛係動支公
費銀兩製造藥鉛還項因司庫支絀均尚未請
領到營無項製造還款再查鎗砲火藥鉛斤鍬

鍋帳房等項內有奉

欽差御親王僧　統兵到濟調撥多件隨還隨調

是以難定確數造入冊內請俟撤防後查明存

有確數再行造報等情亦經咨明兵部在案現

准兵部咨查河標四營咸豐十一年分軍器保

題緣詳[illegible]每因賊匪未靖驛路梗阻濟甯文

報時需[illegible]能依限辦理咨請展緩等語本
部查係例應具題之件未便據咨率准應咨該
督自行奏明辦理等因前來伏查直省滿綠各
營軍裝器械每年例應委員盤查於封印前具
題所有咸豐十一年分河標四營保
題軍器一案據州營詳稱因冊內應造之官兵俸

餉公費等銀司庫欠發未領搽演動支庫存藥
鉛無銀製造還項且鎗砲火藥鍬钁帳房等項
有奉
欽差親郡王僧　軍營調用隨還隨調難定確数
冊内未能覈造俱係實在情形應請准其俟撤
防後查明核計確数再行造報外

題爲此付片陳明伏乞

聖鑒謹

奏

同治元年六月二十四日附

奏，於八月初三日奉到

議政王軍机大臣奉

旨該部知道欽此

一

七月十六日封

奏稿

奏為恭報黃河伏汛安瀾現仍督飭慎防秋漲繕
摺具陳仰祈
聖鑒事竊照節交伏汛修守緊要督飭道廳妥慎防
護緣由 臣於六月二十四日具
奏在案伏查黃河水勢固以來源之旺弱定下注

之大小雨每遇瀕河一帶大雨時行通黃各河之水滙注亦莫不添波助流本年交伏前後萬錦灘雖未報長而陣雨傾盆勢甚廣遠上游各河水發滙入黃河各廳已先後報長水二三尺餘寸迨據陝州呈報萬錦灘黃河於七月初二日亥時漲水二尺八寸黃沁廳亦報武陟沁河

於月初一二三酉時並初四日刻兩次共長（六日卯時至未時三）

水二（四）尺九（二）寸（所長）雖不為旺惟係沁黃同時並漲接

續下注奔騰浩瀚勢益湍激各廳臨黃埽壩紛

紛蟄塌其新廂埽段及新拋磚石壩垛亦多刷

蟄幸各該廳歲料均於汛前堆齊添料磚石亦

已次第辦竣署藩司王榮第深知河防關係至

重陸續籌款撥發各工得以應手廂抛臣仍隨
時嚴飭核寔撙節不准藉工絲毫靡（糜）具工程
繁要之處并調乾河廳員前往帮同搶辦長堤
無工處所一經漲水上灘漾至堤根或走漏窨
潮或汕刷堤坡猶險堪虞并飭各委員分段住
防督令[illegible][illegible]夫晝夜巡查（防）以防慎密所有各

廳欵廂以[illegible][illegible]開歸河北二道將驗明業經辦

竣段落先行具禀前來謹彙繕另片恭呈

御覽餘俟驗禀到日再行續奏現在長水已漸見消

兩岸工程搶護平穩節交立秋伏汛安瀾堪以

仰慰

聖懷惟秋汛為日甚長防秋向重於防伏且本年交

近年每有伏汛殘已過 業

二要出險工

伏後又復長水、無多秋漲必形勤旺備防修守尤宜
加慎已飭、開歸道德蔭河北道周煦徵將各廳
料物磚石、逐一查點凡有用多存少之處酌量
添辦仍函札、催藩司續籌撥款接濟以免用時缺
乏而重修防 臣前因、黃水未長髮逆皖捻盤踞
河各汝、洛、一帶滋擾省防緊要須與司道商辦

奏明[illegible]緩以二月在西南軍務稍[illegible]臣撫臣鄭
不日晉省黃水、已長 臣 亟應前赴上游兩岸周
歷督防并覆驗、中河上南祥河三廳帮堤還堤
土工其已廂現、廂新埽亦須按廳勘驗拜摺後
即日起身出省、另容將勘工情形分晰具
奏所有伏汛安瀾現仍督飭慎防秋漲緣由理合

繕摺具陳伏乞

皇太后

皇上聖鑒謹

奏

同治元年七月十六日具

奏於八月初五日奉到

議政王軍機大臣奉

旨知道了欽此

一片

再入伏前後各廳報廂之工據開歸河北二道
　勘驗将業經辦竣段落先行稟請具
奏前來臣覆核屬實係南岸上南河廳鄭州上汛
　頭堡核桃園新頭壩四埽至八埽係道光二十
　九年緩修之工底料早朽溜注涯淨趕即補廂
　溜復卸〻一旬之也順堤逼刷致将咸豐十年停

修朽腐之八埽至九埽内八埽分上下段先後
滙埽亦即照段補還共計補廂埽工十四段中
河廳中牟下汛九堡戧二垻頭二三四埽並該
垻六七埽及魚鱗垻頭二三埽戧三垻頭埽呈
五埽均係咸豐十年並十一年先後緩修舊底
朽腐溜勢側注滙刷盡淨按段補廂共計補還

新埽十四段下南河廳祥符上汛二十堡挑水壩下首空檔托二壩埽工三段係上年緩修二十一堡新頭壩上首空檔順提護埽三段並該壩下首空檔順提護埽四段係咸豐十年停修舊底均已糟朽水長溜逼先後滙淨照段搶補新埽下汶北岸黄沁廳唐郭汛槽黄捻三壩舊

埽三段並涵洞迤下空檔埽八段均係上兩年停修之工底料朽腐水長湍激溜勢趨逼陸續滙塌分投補還新埽十一段以上各工辦理俱屬合宜抵禦河溜得力其餘卑矮埽段亦皆加廂高整足資捍衛理合附片陳明謹

奏

同治元年七月十六日附
奏於八月初五日奉到
議政王軍機大臣奉
旨工部知道欽此

二

七月十六日

奏稿

奏為循照酌減數目請添黃河秋汛防險銀兩以

濟工用而資修守恭摺具

奏仰祈

聖鑒事竊照嘉慶二十一年陞任河南撫臣方受疇

奏奉

上諭豫省河工每年於藩庫地丁內撥銀三十萬兩以
為搶險之用仍照向例儲備其臨時添撥銀兩若於
具奏後給領寔恐緩不濟急嗣後如遇歲定搶險銀
三十萬兩將次用完著該河督察看情形應需添撥
若干會同該撫核明一面具奏一面行司提取備用
俟霜後如有餘存仍奏明歸還原款以寔報銷等因

欽此欽遵在案嗣後每逢伏秋大汛歷任河臣
奏請添撥銀三十萬兩迨道光十一年以後酌
減銀數每年請添撥銀二十五萬兩咸豐三四
兩年因錢粮支絀又經前河臣再減銀五萬兩
請添銀二十萬兩均蒙
恩准前因下游各廳工程停辦經前河臣李　酌緩銀

十萬兩減請銀十萬兩近數年黃河上游各廳
雖險工疊出用項較繁臣經未敢援從前之案奏
請循照酌減之數請銀十萬兩仰懇
勅勅部議准上兩年并遵照部議体察情形寔在有險
當防咨商撫臣通融辦理由司撥發應用各在
案伏念黃河修守攸關

國計民生現在上游有河七廳不但保衛完善各
州縣以重賦稅餉需且攔禦皖髮捻以杜北竄至
為重大當大汛期內水長工險塌埽潰堤安危
繫於呼吸若錢糧料物不能應手搶護致有疎
虞則全局不能補救權其輕重現雖度支不易
而河工修防經費仍應兼顧並籌惟有於慎重

工程之中力求撙節糜用省得當期無縻悞所
有司庫例撥防險銀兩業經陸續支發秋汛甚
長各廳前辦稭麻磚石節次廂拋埽壩均已用
多存少亟應赶緊添辦況本年伏汛前後來源
長水無多測以盈虛之理秋漲必形勤旺尤不
可不慎之又慎其秋撥一項自三十萬兩遞減

至十萬兩寔不能再減且查河工之款向俱全撥實銀料物夫工諸可從容備辦近年則改用三銀七鈔而各廳臨黃要工如舊式[illegible]以三成實銀辦從前十成要工其不能浮冒而辦工竭蹶自係顯而易見茲據開歸河北二道具詳請添前來臣覆加察核應請循照歷年酌減數目添

撥秋汛防險銀十萬兩以濟工用而資修守仰
懇
天恩俯念河防關係至重如數准添俾免貽悞恭候
命下 臣即行司仍按三銀七鈔撥交開歸河北二道
撙節支放 臣當隨時認真稽查不任絲毫虛糜
至秋汛防險銀一款從前雖有以捐輸劃抵之

案內河工捐輸改為七銀三鈔而黃河支款係
三銀七鈔大相懸殊且豫省捐輸餉票以及京
銅局捐輸核計現銀較之河工捐輸所省實多
官生孰肯舍少就多是以　臣到任三載年雖時〻督飭
道廳竭力設法勸捐竟無遞呈上兌之人是黃河
捐輸已与停止無異無可劃抵現請秋汛防險

銀兩惟有籲懇

恩准照案於司庫撥發庶修守有資可冀保護無虞

仍俟霜降安瀾後查明各廳用賸稭埽核銀劃

還司庫以歸撙節並將先後撥過銀兩及伏秋

汛內搶辦各工用銀總數詳慎勾稽彙案

奏報所有循照酌減數目請添秋汛防險銀兩以

濟工用緣由謹會同河南撫臣鄭　恭摺具

奏伏乞

皇太后

皇上聖鑒訓示謹

奏

同治元年七月十六日具

奏於八月初五日奉到

議政王軍機大臣奉

旨該部議奏欽此

三

奏稿

奏為查明五月分各湖存水尺寸謹繕清単仰祈

聖鑒事窃照嘉慶十九年六月内欽奉

上諭湖水所收尺寸每月查開清単具奏一次等因欽

此所有四月分湖水尺寸業經臣繕具清単

奏報在案玆據署運河道宗稷辰將五月分各湖

存水尺寸開摺具稟前來臣查微山湖定誌收
水在一丈四尺以內前因豐工漫水灌注量驗
湖底積受新淤恐不敷濟運經前河臣李會
同前山東撫臣崇 奏奉
上諭加收一尺以誌樁存水一丈五尺為度本年四月
分存水一丈二尺八寸五分五厂內因風颺日晒

消水三寸寔存水一丈二尺五寸五分較上年五月水小九寸五分此外昭陽等七湖均因天氣久晴泉源微弱消水自一寸至九寸二分計昭陽湖存水三尺八寸南陽湖存水二尺六寸南旺湖存水一尺七寸五分獨山湖存水四尺九寸馬場湖存水三尺九寸五分蜀山湖存水

四尺三寸馬踏湖存水一尺八寸六分以上各湖存水除南旺馬場蜀山三湖比上年五月水小二尺二寸五分及一尺三寸三分並一尺三寸四分外餘俱較大自三寸至一尺二寸不等查五月内各湖之水有消無長由於久晴不雨六月初十日前後灘河一帶雖已得雨因地脉

乾燥尚未深透自交伏後復連得大雨山泉坡河

始見旺發　臣先已嚴飭道廳將進水入湖各路

疏浚深通廣籌收納務使湖水源源增益以備

應用斷不任稍有疎忽貽悞以仰副

聖主重瀦衛民之至意所有五月分各湖存水尺寸

謹繕清单恭摺具

奏伏乞

皇太后

皇上聖鑒謹

奏

同治元年七月十六日具

奏於八月初五日奉到

議政王軍機大臣奉

旨工部知道單併發欽此

謹將同治元年五月分各湖存水實在尺寸逐

一開明恭呈

御覽

運河西岸自南而北四湖水深尺寸

一微山湖以誌樁水深一丈二尺為度先因湖

底淤墊三尺不敷濟運奏明以符定誌在一

丈四尺以内又因豐工漫水灌注量驗湖底
復受新淤二尺七寸奏奉
上諭加收一尺以誌樁存水一丈五尺為度本年四月
分存水一丈二尺八寸五分五月内消水三
寸實存水一丈二尺五寸五分較上年五月
水小九寸五分

一昭陽湖本年四月分存水三尺九寸五月内
消水一寸實存水三尺八寸較上年五月水
大五寸
一南陽湖本年四月分存水二尺七寸五月内
消水一寸實存水二尺六寸較上年五月水
大三寸

一南旺湖本年四月分存水二尺五寸六分五月内消水八寸一分實存水一尺七寸五分較上年五月水小二尺二寸五分

運河東岸自南而北四湖水深尺寸

一獨山湖本年四月分存水五尺五月内消水一寸實存水四尺九寸較上年五月水大一

尺二寸

一馬場湖本年四月分存水四尺八寸七分五

月内消水九寸二分實存水三尺九寸五分

較上年五月水小一尺三寸三分

一蜀山湖定誌收水一丈一尺為度本年四月

分存水五尺五月内消水七寸實存水四尺

三寸較上年五月水小一尺三寸四分

一馬踏湖本年四月分存水二尺四寸六分五月內消水六寸實存水一尺八寸六分較上年五月水大三寸九分